国有企业党支部工作实务

王利堂　主编

石油工业出版社

图书在版编目（CIP）数据

国有企业党支部工作实务 / 王利堂主编. —北京：石油工业出版社，2021.12

ISBN 978-7-5183-4916-6

Ⅰ.①国… Ⅱ.①王… Ⅲ.①中国共产党-国有企业-党支部-工作 Ⅳ.①D267.1

中国版本图书馆CIP数据核字（2021）第206028号

国有企业党支部工作实务
王利堂　主编

出版发行：石油工业出版社
　　　　　（北京市朝阳区安华里二区1号楼 100011）
　　　　　网　址：http://www.petropub.com
　　　　　编辑部：（010）64523762　图书营销中心：（010）64523633
经　　销：全国新华书店
印　　刷：北京中石油彩色印刷有限责任公司

2022年1月第1版　2022年1月第1次印刷
710毫米×1000毫米　开本：1/16　印张：16.25
字数：260千字

定　价：58.00元
（如出现印装质量问题，我社图书营销中心负责调换）
版权所有，翻印必究

《国有企业党支部工作实务》编委会

主　　编：王利堂

编　　委：苏仁辉　罗　文　苏伊拉　马少辉

　　　　　卢水珍　麻永超　卞相珊　王德伟

　　　　　杨鹏程　李登华　夏　伟　刘　超

　　　　　龙顺凤　廖　佳　张博聿　夏宏伟

　　　　　张乃文　余　波　向晓彦　米登显

　　　　　张国臣　叶　军　王　雪　杨大磊

　　　　　张育瑛

序 言

筑牢党在经济领域的坚强战斗堡垒

党支部是党组织开展工作的基本单元,是党的全部工作和战斗力的基础,担负着直接教育党员、管理党员、监督党员和组织群众、宣传群众、凝聚群众、服务群众的职责。党的十八大以来,以习近平同志为核心的党中央高度重视基层党建,特别是党支部建设,多次在重要会议上提出明确要求、作出重要部署,推动全党形成了大抓基层、大抓支部的良好态势,取得了明显成效。

2016年10月召开的全国国有企业党的建设工作会议上,习近平总书记明确提出"全面从严治党要在国有企业落实落地,必须从基本组织、基本队伍、基本制度严起"的重要论述,强调要重视党支部教育管理党员、团结凝聚职工群众的主体作用,把党支部打造成为团结群众的核心、教育党员的学校、攻坚克难的堡垒。2018年9月,习近平总书记主持审议通过的《中国共产党支部工作条例(试行)》,是党的历史上第一部关于党支部工作的基本法规,对于健全党的组织体系,全面提升党支部组织力,强化党支部政治功能,巩固党长期执政的组织基础具有重要意义。

本书以《中国共产党支部工作条例(试行)》《中国共产党国有企业基层组织工作条例》等制度为依据,逐项梳理国企基层党支部工作内容、基本原则、标准要求、方法步骤,以生动翔实的案例、通俗易懂的语言呈现党支部建设的主要内容，深入浅出地剖析回答基层党建重点热点问题，为读者提供权威、实用的指导和帮助。本书既归纳了以往的成熟经验，又融入了近年来创新探索成果，具有较强的针对性、实用性、时效性。对于新任或兼职党支部书记来说，这是系统全面、步骤详尽的"操作指南"；对于经验丰富的专职党支部书记来说，这是启发思路、开拓视野的"活水源泉"。

中共中央党校（国家行政学院）教授、博士生导师　张荣臣

2021年6月

目 录

第一章 党支部组织机构 1
第一节 党支部设置及工作原则 1
第二节 党支部的基本任务 2
第三节 党支部的工作机制 3
第四节 党支部的建立与撤销 6
第五节 党支部委员的设置 7
第六节 党支部委员和书记的产生方法 7
第七节 党支部书记的素质要求 8
第八节 党支部书记和委员职务的任免 8

第二章 "三会一课" 10
第一节 "三会一课"的内容和意义 10
第二节 "三会一课"召开时间和要求 11
第三节 党支部党员大会 12
第四节 党支部党员大会实例 14
第五节 党支部委员会会议 16
第六节 党支部委员会会议实例 17
第七节 党小组会 19
第八节 党课 20

第三章 发展党员ㅤㅤㅤㅤㅤㅤㅤㅤㅤㅤㅤㅤㅤ22

第一节ㅤ发展党员工作的重要意义ㅤㅤㅤㅤㅤ22

第二节ㅤ发展党员工作的总要求ㅤㅤㅤㅤㅤㅤ22

第三节ㅤ党支部需要做的发展党员工作ㅤㅤㅤ24

第四节ㅤ制订发展党员工作计划ㅤㅤㅤㅤㅤㅤ25

第五节ㅤ接收入党申请书ㅤㅤㅤㅤㅤㅤㅤㅤㅤ26

第六节ㅤ入党积极分子的确定和培养教育ㅤㅤ27

第七节ㅤ发展对象的确定和考察ㅤㅤㅤㅤㅤㅤ29

第八节ㅤ支部委员会讨论研究确定发展对象会议实例ㅤ33

第九节ㅤ预备党员的接收和教育考察ㅤㅤㅤㅤ34

第十节ㅤ支部党员大会接收预备党员议程实例ㅤ38

第十一节ㅤ预备党员转正ㅤㅤㅤㅤㅤㅤㅤㅤㅤ41

第十二节ㅤ发展党员工作中需注意的问题ㅤㅤ43

第十三节ㅤ发展党员工作主要例文ㅤㅤㅤㅤㅤ47

第四章 换届选举ㅤㅤㅤㅤㅤㅤㅤㅤㅤㅤㅤㅤㅤ86

第一节ㅤ党支部换届选举的重要意义ㅤㅤㅤㅤ86

第二节ㅤ党支部换届选举的组织与领导ㅤㅤㅤ86

第三节ㅤ党支部换届选举时间规定ㅤㅤㅤㅤㅤ87

第四节ㅤ党支部换届选举遵循的原则ㅤㅤㅤㅤ88

第五节ㅤ党支部换届选举工作ㅤㅤㅤㅤㅤㅤㅤ88

第六节ㅤ党支部换届选举党员大会议程实例ㅤ92

第七节ㅤ党支部换届选举工作中需注意的问题ㅤ93

第八节ㅤ党支部换届选举工作主要例文ㅤㅤㅤ96

第五章 思想政治工作ㅤㅤㅤㅤㅤㅤㅤㅤㅤㅤㅤ102

第一节ㅤ思想政治工作的意义ㅤㅤㅤㅤㅤㅤㅤ102

第二节ㅤ思想政治工作原则ㅤㅤㅤㅤㅤㅤㅤㅤ102

第三节ㅤ思想政治工作内容ㅤㅤㅤㅤㅤㅤㅤㅤ104

第四节　创新思想政治工作 105

　　第五节　思想政治工作的方法 106

　　第六节　认识和了解宗教 110

　　第七节　思想政治工作案例 113

第六章　党员管理 119

　　第一节　党员管理的意义 119

　　第二节　党员管理的基本任务和原则 120

　　第三节　党员管理的内容和要求 122

　　第四节　党员组织关系管理 123

　　第五节　党的组织生活 127

　　第六节　党籍管理 128

　　第七节　流动党员管理 131

　　第八节　入党时间和党龄计算 133

　　第九节　党费收缴和使用 135

　　第十节　党内统计 142

　　第十一节　党员管理中注意的问题 143

　　第十二节　党员管理中的有关资料 144

第七章　党员教育 147

　　第一节　党员教育的基本原则 147

　　第二节　党员教育的基本目标 148

　　第三节　党员教育的基本任务 149

　　第四节　党员教育的方法 150

第八章　党内监督 155

　　第一节　党内监督的意义 155

　　第二节　党内监督的主要内容 155

　　第三节　党支部和普通党员的监督作用 156

　　第四节　政治纪律基本要求 160

第九章 组织生活会与民主生活会 165
- 第一节 组织生活会的意义 165
- 第二节 组织生活会的内容 165
- 第三节 组织生活会的程序 166
- 第四节 党支部民主生活会 168
- 第五节 民主生活会个人对照检查材料实例 172

第十章 民主评议党员 178
- 第一节 民主评议党员的目的和方法 178
- 第二节 民主评议党员的原则 179
- 第三节 民主评议党员的基本内容 179
- 第四节 民主评议党员的步骤 180
- 第五节 民主评议党员的后续工作 181
- 第六节 民主评议党员需要注意的问题 181
- 第七节 民主评议党员工作实例 183

第十一章 党内表彰与违纪违规党员处理 188
- 第一节 党内表彰的内容与范围 188
- 第二节 党内表彰的推荐程序 188
- 第三节 党内表彰的材料申报 189
- 第四节 党内表彰申报材料的实例 190
- 第五节 违纪违规党员的处理 196

第十二章 主题实践活动 198
- 第一节 主题实践活动的类型 198
- 第二节 主题实践活动的作用 198
- 第三节 主题实践活动的设计 199
- 第四节 党建活动融入生产经营方式 200

第十三章 基层服务型党组织建设 209
- 第一节 建设服务型党组织的作用意义 209

第二节 建设服务型党组织的任务内容 210
第三节 建设服务型党组织的方法 211
第四节 建设基层服务型党组织需注意的问题 213

第十四章 党支部建设工作方法 215

第一节 党支部工作的内容 215
第二节 完成好上级任务 215
第三节 做好基础工作 216
第四节 总结和提炼好经验 218
第五节 支部委员会工作方法 219
第六节 基础资料模式——《党支部工作手册》.........220

第十五章 对党支部的考核工作 239

第一节 考核工作的意义 239
第二节 考核工作的原则 239
第三节 考核工作的目标与主要内容 239
第四节 考核结果应用 240
第五节 达标晋级考评定级实例 240

第一章　党支部组织机构

第一节　党支部设置及工作原则

一、党支部的设置

《中国共产党支部工作条例（试行）》规定，党支部设置一般以单位、区域为主，以单独组建为主要方式。企业、农村、机关、学校、科研院所、社区、社会组织、人民解放军和武警部队连（中）队以及其他基层单位，凡是有正式党员3人以上的，都应当成立党支部。党支部党员人数一般不超过50人。

为期6个月以上的工程、工作项目等，符合条件的，应当成立党支部。

联合党支部：正式党员不足3人的单位，应当按照地域相邻、行业相近、规模适当、便于管理的原则，成立联合党支部。联合党支部覆盖单位一般不超过5个。

临时党支部：为执行某项任务临时组建的机构，党员组织关系不转接的，经上级党组织批准，可以成立临时党支部。临时党支部主要组织党员开展政治学习，教育、管理、监督党员，对入党积极分子进行教育培养等，一般不发展党员、处分处置党员，不收缴党费，不选举党代表大会代表和进行换届。

对因党员人数或者所在单位、区域等发生变化，不再符合设立条件的党支部，上级党组织应当及时予以调整或者撤销。

二、党支部工作原则

《中国共产党章程》规定，党支部是党的基础组织，担负直接教育党员、管理党员、监督党员和组织群众、宣传群众、凝聚群众、服务群众的职责。《中国共产党支部工作条例（试行）》规定，党支部工作必须遵循以下原则：

（1）坚持以马克思列宁主义、毛泽东思想、邓小平理论、"三个代表"重要思想、科学发展观、习近平新时代中国特色社会主义思想为指导，遵守党章，加强思想理论武装，坚定理想信念，不忘初心、牢记使命，始终保持先进性和纯洁性。

（2）坚持把党的政治建设摆在首位，牢固树立"四个意识"，坚定"四个自信"，做到"四个服从"，旗帜鲜明讲政治，坚决维护习近平总书记党中央的核心、全党的核心地位，坚决维护党中央权威和集中统一领导。

（3）坚持践行党的宗旨和群众路线，组织引领党员、群众听党话、跟党走，成为党员、群众的主心骨。

（4）坚持民主集中制，发扬党内民主，尊重党员主体地位，严肃党的纪律，提高解决自身问题的能力，增强生机活力。

（5）坚持围绕中心、服务大局，充分发挥积极性、主动性、创造性，确保党的路线方针政策和决策部署贯彻落实。

第二节　党支部的基本任务

一、基本任务

（1）宣传和贯彻落实党的理论和路线方针政策，宣传和执行党中央、上级党组织及本党支部的决议。讨论决定或者参与决定本地区本部门本单位重要事项，充分发挥党员先锋模范作用，团结组织群众，努力完成本地区本部门本单位所担负的任务。

（2）组织党员认真学习马克思列宁主义、毛泽东思想、邓小平理论、"三个代表"重要思想、科学发展观、习近平新时代中国特色社会主义思想，推进"两学一做"学习教育常态化制度化，学习党的路线方针政策和决议，学习党的基本知识，学习科学、文化、法律和业务知识。做好思想政治工作和意识形态工作。

（3）对党员进行教育、管理、监督和服务，突出政治教育，提高党员素质，坚定理想信念，增强党性，严格党的组织生活，开展批评和自我批评，维护和执行党的纪律，监督党员切实履行义务，保障党员的权利不受侵犯。加强和改进流动党员管理。关怀帮扶生活困难党员和老党员。做好党费收缴、使用和管理工作。依规稳妥处置不合格党员。

（4）密切联系群众，向群众宣传党的政策，经常了解群众对党员、党的工作的批评和意见，了解群众诉求，维护群众的正当权利和利益，做好群众的思想政治工作，凝聚广大群众的智慧和力量。领导本地区本部门本单位工会、共青团、妇女组织等群团组织，支持它们依照各自章程独立负责地开展工作。

（5）对要求入党的积极分子进行教育和培养，做好经常性的发展党员工作，把政治标准放在首位，严格程序、严肃纪律，发展政治品质纯洁的党员。发现、培养和推荐党员、群众中间的优秀人才。

（6）监督党员干部和其他任何工作人员严格遵守国家法律法规，严格遵守国家的财政经济法规和人事制度，不得侵占国家、集体和群众的利益。

（7）实事求是对党的建设、党的工作提出意见建议，及时向上级党组织报告重要情况。教育党员、群众自觉抵制不良倾向，坚决同各种违纪违法行为作斗争。

（8）按照规定，向党员、群众通报党的工作情况，公开党内有关事务。

二、国有企业党支部的重点任务

国有企业中的党支部，保证监督党和国家方针政策的贯彻执行，围绕企业生产经营开展工作，按规定参与企业重大问题的决策，服务改革发展、凝聚职工群众、建设企业文化，创造一流业绩。

第三节　党支部的工作机制

党支部开展工作，包括组织领导、议事决策、日常运行等，必须要有相应的机构和健全的机制。《中国共产党支部工作条例（试行）》将党支部工作机制主要设计为党支部党员大会、党支部委员会及其会议、党小组及其会议。党支部党员大会是党支部的议事决策机构，党支部委员会是党支部日常工作的领导机构，党小组主要落实党支部安排的任务。

一、党员大会

党支部党员大会是党支部的议事决策机构，由全体党员参加，一般每季度召开1次。

党支部党员大会的职权是：听取和审查党支部委员会的工作报告；按照规定开展党支部选举工作，推荐出席上级党代表大会的代表候选人，选举出席上级党代表大会的代表；讨论和表决接收预备党员和预备党员转正、延长预备期或者取消预备党员资格；讨论决定对党员的表彰表扬、组织处置和纪律处分；决定其他重要事项。

二、党支部委员会

党支部委员会是党支部日常工作的领导机构。

党支部委员会会议一般每月召开1次，根据需要可以随时召开，对党支部重要工作进行讨论、作出决定等。党支部委员会会议须有半数以上委员到会方可进行。重要事项提交党员大会决定前，一般应当经党支部委员会会议讨论。

三、党小组

党员人数较多或者党员工作地、居住地比较分散的党支部，按照便于组织开展活动原则，应当划分若干党小组，并设立党小组组长。党小组组长由党支部指定，也可以由所在党小组党员推荐产生。

党小组主要落实党支部工作要求，完成党支部安排的任务。

党小组会一般每月召开1次，组织党员参加政治学习、谈心谈话、开展批评和自我批评等。

四、党支部工作职责

国有企业党支部（党总支）以及内设机构中设立的党委围绕生产经营开展工作，发挥战斗堡垒作用。主要职责是：

（1）学习宣传和贯彻落实党的理论和路线方针政策，宣传和执行党中央、上级党组织和本组织的决议，团结带领职工群众完成本单位各项任务。

（2）按照规定参与本单位重大问题的决策，支持本单位负责人开展工作。

（3）做好党员教育、管理、监督、服务和发展党员工作，严格党的组织生活，组织党员创先争优，充分发挥党员先锋模范作用。

（4）密切联系职工群众，推动解决职工群众合理诉求，认真做好思想政治工作。领导本单位工会、共青团、妇女组织等群团组织，支持它们依照各自章程独立负责地开展工作。

（5）监督党员、干部和企业其他工作人员严格遵守国家法律法规、企业财经人事制度，维护国家、集体和群众的利益。

（6）实事求是对党的建设、党的工作提出意见建议，及时向上级党组织报告重要情况。按照规定向党员、群众通报党的工作情况。

五、党支部书记职责

党支部书记要积极履行第一责任人职责，在支部委员会的集体领导下，主持党支部的日常工作。主要职责是：

（1）结合本单位的具体情况，认真贯彻执行党的路线方针政策和决策部署；宣传企业的发展战略、目标和任务；宣传上级组织和本支部的决议，并确保在本单位贯彻执行。

（2）坚持民主集中制原则，抓好领导班子建设和党支部委员会建设，将支部工作中的重大问题，及时提交支部委员会和支部党员大会讨论决定；融入中心开展工作，团结组织党员群众全面完成各项生产经营任务。

（3）抓好党支部日常工作。开展主题实践活动，健全创先争优机制，加强党员教育、管理、监督和服务，做好发展党员工作，充分发挥党员先锋模范作用。

（4）规范党支部组织生活，开好民主生活会和组织生活会，认真落实"三会一课"、民主评议党员、主题党日、谈心谈话等制度。突出政治学习教育、突出党性锻炼，保持党员队伍先进性和纯洁性。

（5）做好经常性的思想政治工作，了解掌握员工的思想、工作和学习情况，及时发现解决倾向性问题；弘扬企业精神，建设和谐团队，打造思想和作风过硬的员工队伍。

（6）领导和支持工会、共青团等群团组织开展工作，发挥好联系群众的桥梁纽带作用。

（7）完成上级党组织交办的其他工作任务。

六、组织委员职责

（1）了解和掌握支部的组织情况，提出加强组织建设的意见。

（2）负责组织生活的安排、检查、督促和考核工作。

（3）做好入党积极分子和预备党员的培养、教育和考察工作，办理发展党员和预备党员转正的手续。

（4）负责民主评议党员、评选先进、党员鉴定、接转党员组织关系及收缴党费等具体工作。

七、宣传委员职责

（1）了解和掌握党员群众的思想情况，提出党员教育和做好群众思想工作的意见。

（2）拟定政治理论学习计划，组织党员的政治理论学习。

（3）开展经常性的宣传教育工作和思想政治工作。

（4）支持并协助本单位群团组织开展多种形式、内容丰富的教育和文体活动。

八、纪检委员职责

（1）负责组织对党员进行党性、党风、党纪教育。

（2）负责检查党员执行党章、准则、条例等情况，对党员违纪问题及时组织调查，提出处理意见。

（3）受理党员的申诉和控告、来信来访，并向支部和上级纪检部门汇报。

（4）了解受处分党员改正错误的情况，并负责帮助教育他们改正错误。

第四节 党支部的建立与撤销

《中国共产党支部工作条例（试行）》规定，党支部的成立，一般由基层单位提出申请，所在乡镇（街道）或者单位基层党委召开会议研究决定并批复，批复时间一般不超过1个月。基层党委审批同意后，基层单位召开党员大会选举产生党支部委员会或者不设委员会的党支部书记、副书记。批复和选举结果由基层党委报上级党委组织部门备案。根据工作需要，上级党委可以直接作出在基层单位成立党支部的决定。

党支部的调整和撤销，一般由党支部报所在乡镇（街道）或者单位基层党委批准，也可以由所在乡镇（街道）或者单位基层党委直接作出决定，并报上级党委组织部门备案。

第五节　党支部委员的设置

《中国共产党支部工作条例（试行）》规定，有正式党员7人以上的党支部，应当设立党支部委员会。党支部委员会由3至5人组成，一般不超过7人。党支部委员会设书记和组织委员、宣传委员、纪检委员等，必要时可以设1名副书记。正式党员不足7人的党支部，设1名书记，必要时可以设1名副书记。

实践中对于党支部委员职数的设置，一般采用以下几种方法：

第一是党支部委员的职数设置根据党员人数和工作需要来确定。党支部委员的职数不超过或者等于本支部正式党员的一半。一般设为3~5人，最多不超过7人。

第二是党支部委员会的成员一般从基层单位的党员负责同志和党员骨干中产生。

第三是根据党支部委员名额的多少和实际工作需要，来设置委员数额。党支部委员名额少的党支部，一个委员可兼管几个委员工作。支部委员岗位名称比较传统的设置方法是：

7名党支部委员的岗位设置为党支部书记、党支部副书记、组织委员、宣传委员、纪检委员、群（青）工委员、保卫委员。

5名党支部委员的岗位设置为党支部书记、党支部副书记兼群（青）工委员、组织委员、宣传委员、纪检委员。

3名党支部委员的岗位设置为党支部书记（兼纪检委员）、组织委员、宣传委员。

正式党员不足7人的党支部可不设支部委员会，设书记1名，必要时可以设1名副书记。

第六节　党支部委员和书记的产生方法

《中国共产党支部工作条例（试行）》规定，党支部委员会由党支部党员大会选举产生，党支部书记、副书记一般由党支部委员会会议选举产生，不设委员会的党支部书记、副书记由党支部党员大会选举产生。选出的党支部委员，报上级党组织备案；党支部书记、副书记，报上级党组织批准。

党支部书记、副书记、委员出现空缺，应当及时进行补选。确有必要时，上级党组织可以指派党支部书记或者副书记。

支部委员出缺增补。《中国共产党基层组织选举工作条例》第十八条规定："委员会委员在任期内出缺，一般应当召开党员大会或者党员代表大会补选。上级党的组织认为有必要时，可以调动或者指派下级党组织的负责人。"

第七节　党支部书记的素质要求

《中国共产党支部工作条例（试行）》规定，党支部书记应当具备良好政治素质，热爱党的工作，具有一定的政策理论水平、组织协调能力和群众工作本领，敢于担当、乐于奉献，带头发挥先锋模范作用，在党员、群众中有较高威信，一般应当具有1年以上党龄。

党支部书记是党支部日常工作的领导者和组织者，是党支部领导班子的"班长"，是党支部主要负责人对党支部的建设负有第一责任人的责任。党支部的战斗堡垒作用发挥如何，党员的先锋模范作用发挥的好不好，都与党支部书记的作用发挥有直接关系，因此，要建设好党支部首先是要选配好党支部书记。

党支部书记要清楚上级对党支部建设的基本要求，清楚党支部工作基本业务，清楚本企业的文化精神、优良传统基本内容，清楚职工思想动态和家庭状况，清楚本企业生产管理基本情况；会做思想工作，会培养典型，会总结经验，即"五清三会"。

第八节　党支部书记和委员职务的任免

就党支部书记、副书记、委员的职务级别而言没有单独的规定，一般采用惯例。企业的党支部书记、副书记、委员的职务级别，主要依据相对应的行政机构级别来确定和划分。特殊情况的，上级党组织也可以单独明确职务级别。

常采用组织委任和选举方式来任免党支部书记和委员。

委任。对新设置或需调整的党支部,以及干部任期考核中,通过调整交流或提拔任用的方式,履行相关组织程序后,由上级党组织任命党支部书记、副书记。

选任。党支部委员会任期届满,或者届中出缺,按照《中国共产党章程》和《中国共产党基层组织选举工作条例》有关要求和程序进行选举,产生新的一届委员会,或增补新的委员、书记等。

党支部书记和委员的职务任免,由有任免权限的上级党组织下发的任免文件和批复文件为准。

任职文件一般情况是先任委员后任书记。有委员资格后才能担任书记。如,×××同志任中共×××支部委员会委员、书记。免职的文件一般情况是先免书记后免委员,如免去×××同志中共×××支部委员会书记、委员职务。

第二章 "三会一课"

第一节 "三会一课"的内容和意义

"三会一课"是党的组织生活制度重要内容之一，是党支部必须坚持的重要制度，也是健全党的组织生活、严格党员管理、加强党员教育、着力解决一些基层党组织弱化、虚化、边缘化问题的一项重要制度。"三会"是定期召开支部党员大会、支部委员会、党小组会；"一课"是按时上好党课。

习近平总书记在中国共产党第十九次全国代表大会上的报告中指出，坚持"三会一课"制度，推进党的基层组织设置和活动方式创新，加强基层党组织带头人队伍建设，扩大基层党组织覆盖面，着力解决一些基层党组织弱化、虚化、边缘化问题。"三会一课"应当突出政治学习和教育，突出党性锻炼，以"两学一做"为主要内容，结合党员思想和工作实际，确定主题和具体方式，做到形式多样、氛围庄重。如何召开好"三会"上好"一课"，首先必须把握好"三会一课"的特有属性。"三会一课"是党内政治生活制度的内容之一，因而政治性、思想性和原则性是它的特有属性。

（1）政治性。"三会一课"贯穿党的路线方针政策、上级党组织的决议精神和要求；体现马克思列宁主义、毛泽东思想、邓小平理论、"三个代表"重要思想、科学发展观、习近平新时代中国特色社会主义思想等。突出政治学习、党性教育、时事政治和科学文化学习，不断提高党员的政治觉悟和工作水平，从而适应新时代的发展，更好地完成党的各项工作任务。

（2）思想性。"三会一课"围绕议题展开讨论，充分发扬民主，反映党员的思想，体现党员的主体地位。体现党员的主体地位就是要落实党员的民主权，发展党内民主。以"三会一课"营造平等讨论问题的环境，鼓励党员在党内讲真话讲实话；把党章规定的权利，通过"三会一课"制度和机制落实下来，保障党的机体健康发展。让党员对本单位的发展建设、党员队伍建设、员工队伍建设和党支部建设，生产经营科研管理等，在党的会议上开展民主讨论，提出合理化建议，集中统一为党支部的工作思路，以此促进党支部建设水平提高和本单位事业发展。

（3）原则性。"三会一课"按规定时间、规定程序和规定内容召开是"三会一课"的重要特点。党支部委员会会议和党员大会讨论问题，凡是需要形成决议的，都要遵循"一人一票，少数服从多数"的民主集中制原则，充分体现其原则性。

"三会一课"坚持以政治性、思想性和原则性为基础，可以避免被虚化、弱化和娱乐化现象，对促进党支部建设有极其重要的意义。

第二节 "三会一课"召开时间和要求

党支部党员大会是党支部的议事决策机构，由全体党员参加，一般每季度召开1次。

党支部委员会会议一般每月召开1次，根据需要可以随时召开，对党支部重要工作进行讨论、作出决定等。党支部委员会会议须有半数以上委员到会方可进行。重要事项提交党员大会决定前，一般应当经党支部委员会会议讨论。

党小组会一般每月召开1次，组织党员参加政治学习、谈心谈话、开展批评和自我批评等。

党课时间。《中国共产党支部工作条例（试行）》没有明确规定党课时间，一般根据上级党委统一的规定和安排执行。党员领导干部应当定期为基层党员讲党课，党委（党组）书记每年至少讲1次党课。

第三节 党支部党员大会

一、党员大会的内容

（1）会议次数。党支部党员大会是党支部的议事决策机构，由全体党员参加，一般每季度召开一次。

（2）会议主持。会议一般由党支部书记主持，书记不能参加会议的，可以委托副书记或者委员召集并主持。

（3）会议职权。听取和审查党支部委员会的工作报告；按照规定开展党支部选举工作，推荐出席上级党代表大会的代表候选人，选举出席上级党代表大会的代表；讨论和表决接收预备党员和预备党员转正、延长预备期或者取消预备党员资格；讨论决定对党员的表彰表扬、组织处置和纪律处分；决定其他重要事项。

（4）会议内容。学习和传达贯彻上级党组织决议、指示和精神；讨论或参与决定本单位重要事项，如奖惩规定、业绩兑现办法、主题实践活动等。

（5）会前准备。由支部委员会根据工作需要确定大会议题。将会议主要内容及相关要求通知全体党员。根据会议内容也可吸收非党干部和入党积极分子列席参加。

（6）大会决议。支部委员会把准备付诸表决的问题提交大会，参会党员进行充分酝酿讨论，然后进行表决形成决议。

（7）做好记录。支部要安排专人做好记录。支部党员大会的记录有法定的效力，须记全记准确，并做好妥善的保存，以便落实和查阅。

二、召开党员大会的程序

（1）会前准备。学习的内容和材料、研究的议题、讨论的事项、需要会议上通过的本支部文件草案、会议时间等应事先在支委会上明确，支委分头作好准备。此外，讲话提纲、会场安排布置等都需要提前做好准备。如果有多个项目需会议讨论的，应明确会议项目顺序，并作好支委分工准备。

（2）通知。支委将会议时间、会议地点，提前通知应参加会议人员等。

（3）开会。会议由党支部书记主持，报告本支部党员的应到数、实到数、缺席数；说明缺席原因，是否符合召开党员大会要求。参加会议的正式党员超过应到会人数的一半，支部党员大会才能召开。围绕会议的中心议题，根据预先确定的项目，按顺序进行，并向大会报告议程。

①提出议题，并说明原因。

②组织讨论，党员充分发表意见。

③按少数服从多数原则表决，归纳党员意见。

④形成党员大会决议（需要做出决议的议题）。

⑤提出贯彻落实要求（需要贯彻落实的）。

（4）会议记录。详细记录时间、地点、主持人、到会人数和名单、缺席人数和名单、会议议题、每名党员发言内容、决议内容及表决情况。会议记录保存便于落实和备查。

（5）分工落实。明确支部委员和其他同志落实支部党员大会的决议或其他事项。

（6）检查落实。支部书记或副书记、支部委员按分工原则，对支部党员大会的决议或其他事项的落实情况进行检查，检查落实的结果向支部汇报。

（7）注意问题。党支部党员大会应当把握好两个方面事项：一是在大会的问题讨论过程中，如果相当部分党员意见难统一，分歧比较大时，可以暂缓表决和形成决议，会后由支部委员或党小组组长与其充分交换意见、充分酝酿后，在下次党员大会上再进行讨论。二是按照民主集中制原则，党员大会形成决议后，每位党员都必须服从，并按照决议要求贯彻执行。

（8）"三会一课"的关键点。

①会议时间要求。按《中国共产党支部工作条例（试行）》和上级规定的时间要求召开。

②参加会议人数要求。党员大会有一半以上党员参加。支部换届选举的党员大会需有表决权党员数的五分之四参加。支委会需一半以上支委成员参加。

③主持人。党员大会和支委会由党支部书记主持。书记不在时，可委托副书记或支委主持会议。换届选举党员大会书记作支部工作报告时可以由副书记或委员主持会议。

④支委会讨论问题采取末位发言制（书记最后一个发言）。

⑤表决方式。一人一票,少数服从多数的民主集中制原则。党员大会和支委会,以应到会有表决权人数的一半以上同意为通过。支部换届选举党员大会,以实到会有表决权的人数的一半以上赞成票为通过。发展党员大会和换届选举大会都以票决制方式表决。

第四节 党支部党员大会实例

党支部党员大会讨论预备党员转正会议

会议时间:××××年××月××日上午9:00

会议地点:×××会议室

应到人数:××人

实到人数:××人

缺席人员:无

主持人:支部书记×××

参加会议人员:×××、×××、×××、×××、……

记录人:×××

内容:×××党支部党员大会讨论预备党员转正

情况记录:

同志们:

今天,我们召开支部党员大会。

下面清点到会人数。

(清点后)现在报告党员出席会议情况,本支部共有党员××名,其中有表决权党员××名;今天到会党员××名,其中有表决权的党员××名,符合会议有效人数,可以开会。

今天会议的内容是讨论预备党员×××同志转正问题。

现在我们开会,今天的会议议程有5项。

大会进行第一项：

请预备党员×××同志汇报他在预备期间的政治、思想、学习和工作等方面的情况，以及需向党组织说明的问题。

请××党小组组长×××同志介绍×××同志预备期间的表现情况，并宣读小组意见。

请组织委员×××同志代表支委会介绍对预备党员×××同志的教育考察情况和能否转为正式党员的意见。

大会进行第二项：

党员讨论。请大家发表意见，对×××同志能否转正进行充分讨论。

大会进行第三项：

请预备党员×××同志对大会讨论意见表态。

大会进行第四项：

大会表决。

通过计票人和监票人。支部推荐计票人为×××同志，监票人为×××同志，请各位党员审议，有意见的同志请发表。

现在表决通过计票人和监票人。

同意的举手。请放下。

不同意的请举手。（没有）

弃权的请举手。（没有）

请大家鼓掌通过。

请监票人检查票箱，请计票人分发表决票。请认真阅读填票说明，没有领到表决票的请举手。

下面我说明填票注意事项。

请大家填票。

无记名投票。请计票人、监票人投票，其他同志投票。

请计票人、监票人计票。

监票人宣读表决票数情况。

全体党员通过。

我宣布，经支部大会无记名投票表决，对×××同志的赞成人数超过应到会有表决权的正式党员的半数，同意其按期转为中共正式党员。

大家以热烈掌声向×××同志表示祝贺！

大会进行第五项：

通过支部大会决议。

请组织委员×××同志代表支委会宣读支部大会决议。

会后党支部将有关材料报上级党委审查和批准。

会议到此结束，散会。

第五节　党支部委员会会议

一、党支部委员会会议内容

（1）会议次数。支委会一般每月召开一次，如果研究紧急事情或工作需要，可随时召开。

（2）会议内容。研究贯彻执行上级党组织的指示、精神、要求、决议和支部党员大会的决议、意见等；制定本支部工作计划、检查和总结；支部建设、班子建设、党风廉政建设；发展党员；党员奖惩；主题活动开展；党员、群众思想动态分析；生产任务；业绩兑现；党员教育管理；工会、共青团、妇联等群众组织工作中的问题，适时给予指导；其他需要支委会讨论研究的问题。

（3）到会人数。支部委员会研究讨论重要问题时，须有半数以上委员到会，会议方可召开。若遇重大问题，到会委员人数不够，须召开党员大会研究决定。

（4）会议记录。由专人做好会议记录。时间、地点、主持人、缺席人员名单、会议议题、支委委员的发言要点、会议决议等。最后，会议记录由专人保管保存，便于落实和备查。

二、党支部委员会会议程序

（1）会前准备。作好会前材料和议题准备；会前向支部委员通报情况；通知开会时间、地点和内容。

（2）会议主持。由书记或副书记主持会议，向到会人员报告研究讨论的事项和会议主要议程。

（3）集体讨论。充分发扬民主，集思广益，畅所欲言。书记末位发言。

（4）形成决议。按照民主集中制原则，集中多数人意见，作出决议和决定。

（5）分头落实。对决定的事项，支委明确分工、分头落实。

（6）归档保存。把支部委员会作出的决议和决定及会议记录，及时整理后存档，便于落实和备查。

第六节　党支部委员会会议实例

党支部委员会讨论研究换届选举会议

会议时间：××××年××月××日上午9：00

会议地点：党支部会议室

应到人数：5人

实到人数：5人

缺席人员：无

主持人：支部书记×××

参加会议人员：×××、×××、×××、×××、……

记录人：×××

内容：×××单位第三党支部支委会研究换届选举会议

情况记录：

同志们：

今天上午，我们召开支委会，主要议题是讨论研究本支部换届选举的有关问题。今天5名支委会成员都到会，符合开会要求。

本支部委员会于今年××月到任期，之前与上级党组织沟通汇报，同意我们按期换届。今天召开支委会，研究确定换届选举的党员大会具体时间、指导思想、主要任务、会议议程等，确定下届委员会组成名额、候选人预备人选名额、任职条件、选举办法。作出召开党员大会的决议。

第一项内容， 讨论召开党员大会的具体时间、指导思想、主要任务和会议议程。

下面请×××同志汇报。

×××同志汇报：

《中国共产党支部工作条例（试行）》规定，基层单位党支部委员会一般每届任期3年，现在离本支部换届的时间还有4个月，建议支部换届选举的党员大会定在××月××日召开。

党员大会的指导思想是：（略）

党员大会主要任务是：（略）

党员大会议程是：（略）

……提请各位委员讨论。汇报完毕。

请各位委员发表意见。

讨论，发表意见。

刚才有两位同志对党员大会主要任务中的个别内容提出修改意见，按照修改意见再补充完善。

如果没有其他意见了，我们举手表决。

同意的举手。请放下。

不同意的举手。（没有）

弃权的举手。（没有）

全体委员通过。

第二项内容，讨论确定下届支部委员会组成名额、候选人预备人选名额、任职条件、选举办法。

根据本单位的工作实际和党员人数情况，建议下届委员会组成名额为5名，候选人预备人选名额为6名。按照上级党组织关于支部书记和委员的任职条件要求，我们拟订了本支部书记和委员的任职条件：书记的任职条件是：（略）。委员的任职条件是（略）。选举办法是（略）。

请各位成员发表意见。

讨论，发表意见。

如果没有意见了，我们举手表决。

同意的举手。

不同意的举手。(没有)

弃权的举手。(没有)

全体委员同意,通过。

刚才,对支部换届选举党员大会的时间、指导思想、主要任务、会议议程进行了讨论。下届委员会组成名额、候选人预备人选名额、任职条件、选举办法也进行了讨论,并以表决的方式通过。

第三项内容,通过支委会决议。

宣读:经支委会研究同意,×××党支部换届选举的党员大会时间定为……指导思想为……党员大会主要任务为……会议议程为……下届委员会组织名额为5名,候选人预备人选名额为6名。书记的任职条件是……委员的任职条件是……选举办法是……

大家是否有意见。

没有意见。

通过。

第四项内容,落实分工。

今天就支部换届选举的有关事项进行了讨论,并通过了支委会决议。支部的换届选举工作就正式启动了,为做好换届选举工作,对支部5名委员在筹备期间所承担的工作进行分工。

××同志负责……工作,××同志负责……工作,××同志负责……工作,××同志负责……工作,××同志负责……工作。

大家对分工有无意见。

没有意见。希望大家按照分工负责、协调配合的原则做好每一项工作。

今天的会就开到这里。散会。

第七节　党小组会

(1)会议次数。一般每月召开一次,也可根据实际需要,随时召开。

(2)会议内容范围。学习理论;传达和贯彻执行党支部要求、决议,讨论贯彻党支部决议的具体措施及每个党员应承担的任务;党员汇报思想、工作、学习和执行党的决议的情况；开展批评与自我批评；根据党支部的统一安排，定期开展民主评议党员活动；分析群众思想状况，研究如何做好群众工作；研究入党积极分子的培养教育；研究发展党员的问题；党内评先选优工作；讨论对党员的处分等方面的有关工作。

（3）会前要与党支部沟通。确定会议内容、方法，通知党员做好准备。会议的内容要集中，每次党小组会都要有重点地解决好一两个问题。

（4）抓住中心内容讨论，力求统一思想。

（5）做好记录，会后向党支部汇报。

第八节 党课

"三会一课"的"一课"就是定期上党课。党课是党组织用授课形式定期对党员进行教育的一种形式。这是党在长期党员教育实践中总结出来的一种行之有效的方式。党课时间根据上级党委统一安排和要求来做，一般每季度或半年上一次，特殊情况特殊安排。

党课应当针对党员思想和工作实际，回应普遍关心的问题，注重身边人讲身边事，增强吸引力感染力。党员领导干部应当定期为基层党员讲党课，党委（党组）书记每年至少讲1次党课。

讲好党课要着重抓好三个关键点：一是确定好内容；二是选好教员；三是确定好授课形式。

（1）确定好内容。内容可以安排对党章和党的基本知识学习、党的优良传统教育、形势任务和时事政治学习、理想信念价值观教育、科学文化知识或专业知识学习、企业文化和党风廉洁教育等。

（2）选好教员。可采取邀请党员领导干部、先进党员、先进代表、劳动模范讲，聘请其他教员授课，党支部书记自己讲等方式。

（3）确定好授课形式。可采用课堂授课、电教和网络授课、参观学习和党内活动等形式。

授课内容、选择教员、授课形式都可以结合本单位和本党支部一段时期的工作内容、党的中心工作任务、上级党组织的要求，以及生产、经营、科研、党员队伍、员工队伍的现状等进行安排。

讲党课需要选择好内容、掌握好技巧，使党课不仅有"党味"，针对性强，问题集中，还要接地气，党员和群众能认真听、喜欢听。所以，要选好主题，熟悉选题内容，把问题弄清楚、想透彻是关键。支部书记从事具体工作的时间比较长，对本单位的生产经营科研和管理都比较熟悉，也了解党员队伍和员工队伍状况，因而可以采用"四个结合"方式来讲好党课。一是结合企业单位发展实际来讲；二是结合当前形势任务和要求来讲；三是结合行业特点和优势来讲；四是结合企业党员和群众需要讲。

党支部开展党课教育的主要对象是党员，同时吸收非党干部和入党积极分子参加。有些党课也可以邀请群众参加，让他们了解本单位本企业的情况，接受"形势目标任务责任"教育，增强工作的积极性。讲授党课的教员，应是中共正式党员。

第三章　发展党员

第一节　发展党员工作的重要意义

发展党员是党支部的一项重要工作内容。只有源源不断地把新鲜血液吸收到党内来，不断提高党员素质才能保持党的先进性；只有坚持从严治党，坚持发展党员的原则、标准程序、纪律和规定，才能保持党员队伍的纯洁性。

2014年中央印发了《中国共产党发展党员工作细则》，进一步明确了发展党员的政治标准、工作程序和纪律要求，对从严治党，保证党的先进性和纯洁性，凝聚中国力量，实现"两个一百年"奋斗目标，实现中华民族伟大复兴的中国梦具有非常重要意义。

第二节　发展党员工作的总要求

按照控制总量、优化结构、提高质量、发挥作用的总要求和有关规定发展党员。坚持把政治标准放在首位，重视在生产经营一线、青年职工和高知识群体中发展党员，力争每个班组都有党员。注重把生产经营骨干培养成党员，把党员培养成生产经营骨干。对技术能手、青年专家等优秀人才，党组织应当加强联系、重点培养。

控制总量：以控制总量为重点，实行发展党员总量调控，使全国党员数量平均增长控制在适当速度，使党员队伍保持适度规模。

优化结构：以优化结构为关键，根据不同群体、行业和岗位特点，确定发展党员的重点，不断优化党员队伍结构。

提高质量：以提高质量为核心，坚持党员标准，加强培养教育，严格日常管理，严肃纪律要求，着力提高党员队伍整体素质。

发挥作用：以发挥作用为目的，引导党员牢记宗旨、心系群众、立足群众、立足本职、干事创业，充分发挥先锋模范作用。

发展党员工作要落实"三个坚持"，做到"一个禁止、一个反对"。

"三个坚持"：坚持党章规定的党员标准，始终把政治标准放在首位；坚持慎重发展、均衡发展，有领导、有计划地进行；坚持入党自愿原则和个别吸收原则，成熟一个，发展一个。

"一个禁止"：禁止突击发展。

"一个反对"：反对"关门主义"。

一、符合政治标准

一是信念坚定，具有马克思主义信仰、共产主义和中国特色社会主义信念，自觉践行社会主义核心价值观，始终不渝地为共产主义事业奋斗终身。

二是对党忠诚，拥护党的纲领，自觉贯彻党的路线方针政策，在大是大非面前头脑清醒、旗帜鲜明，在思想上和行动上与党中央保持高度一致。

三是为民服务，把人民群众放在心中最高位置，树立群众观点，践行群众路线，维护群众利益。

四是严守纪律，自觉遵守党章，模范遵守国家法律，严格按照党的组织原则和党内政治生活准则办事。

二、慎重发展

一是严格按照党章规定的党员标准发展党员；二是坚持个别吸收的原则，成熟一个发展一个；三是严格按照党章规定的入党程序和《中国共产党发展党员工作细则》的各项要求，既不能突击发展，也不能停止发展。

三、均衡发展

一是实行发展党员的总量调控，做到有控、有保、有减、有增，使发展党员数量年均增长控制在适当速度，使党员队伍保持适度规模；二是优化党员队伍结构，重视从青年工人、农民、知识分子中发展党员，不断壮大党的队伍最基本的组成部分和骨干力量；三是坚持有领导、有计划地发展党员，防止和避免突击发展、长期不发展、发展数量大起大落等不正常现象。

四、坚持入党自愿原则

只有当申请入党的人懂得了为什么要入党，并决心为共产主义事业贡献自己一切的时候，才能自觉地按照党章规定的党员标准严格要求自己，刻苦学习，积极工作，克己奉公，无私奉献，努力做一名合格的共产党员。如果"拉"进党内，不是建立在自愿的基础上，就不可能自觉地用党员标准去规范自己的言行，而把自己混同于普通群众，甚至做出与党的要求不相符合的事情，对党造成损害。

五、坚持个别吸收原则

坚持个别吸收原则，就是要对入党积极分子逐个进行认真考察，看其是否具备党章规定的党员条件。在发展党员时，要成熟一个发展一个，逐个履行入党手续，不能成批发展，成批发展党员往往使一些不具备党员条件的人混入党内。个别吸收不是说支部大会每次只能讨论一个发展对象入党，如果有两个以上的发展对象入党，应逐个讨论，逐个表决，使每位党员都能充分表达自己的意见，发扬党内民主。

六、禁止突击发展党员

突击发展党员是指违反党章规定，不坚持党员标准，草率从事，在短时间内大批发展党员，滋生不正之风，给党的建设带来不良后果。因此，禁止突击发展党员。

七、反对"关门主义"

党组织需要通过不断吸收新鲜力量，充实和壮大队伍，增强组织活力和战斗力。有的单位长期不发展党员，党的力量薄弱，领导班子后继乏人，影响工作发展。因此，"关门主义"不利单位和党的事业发展。

第三节 党支部需要做的发展党员工作

发展党员是党支部的一项重要工作内容，必须认真对待、慎重稳妥。党支部是按照规定条件、时间节点、程序和要求做工作的。

发展党员工作分5个阶段：

（1）接收入党申请书。
（2）入党积极分子的确定和培养教育。
（3）发展对象的确定和考察。
（4）预备党员的接收和教育考察。
（5）预备党员转正。

要避免草率行事，确保发展党员工作符合党的规定和要求，促进党组织建设水平的提高。

第四节　制订发展党员工作计划

发展党员工作按照"坚持慎重发展、均衡发展，有领导、有计划地进行"要求，第一步就是要制订党支部发展党员工作计划。制订计划的方法是自下而上、自上而下、上下结合。

自下而上：根据本支部的实际情况，结合入党积极分子培养的时间、成熟程度，按照党员的标准来确定本年度或今后一个时期本支部发展党员的计划，逐级报上级党组织。

自上而下：党委组织部门根据所属单位党组织和党支部上报的发展党员计划，开展认真调查研究、分析党员队伍结构，并结合上级党组织下达的发展党员计划指标数，研究后，向所属党组织下达发展党员的计划指标。

上下结合：上下级党组织以及党委组织部门对发展党员计划指标需要反复沟通，结合党员队伍结构现状、工作需要等因素对计划进行调整、修改和补充，最后将计划确定下来。

发展党员计划分为年度计划和三年及以上的长期计划。

党支部制订发展党员计划的依据主要有以下几方面：

第一，依据党的事业发展和实际工作需要。

第二，依据入党积极分子培养成熟的情况。

第三，依据党员队伍结构的现状。

第四，依据近几年发展党员的实际情况。

第五节　接收入党申请书

入党申请书应由申请人直接递交党支部负责人,党支部接到申请人的入党申请书后,一个月内安排人员与其谈话。党支部的发展党员工作由组织委员负责。接收入党申请书后,需做好四件事:

一、审查申请书

主要看入党申请人的年龄、国籍等是否符合申请入党条件,入党动机是否端正,对党的认识是否深刻,成长经历是否清楚,对待入党的态度是否正确等。

二、派人谈话

谈话人一般是支部书记、副书记或者组织委员。谈话内容包括了解入党申请人对党的认识、入党动机、个人的基本情况、成长经历,了解家庭情况及其他需要向党组织说明的问题等,肯定他在政治上要求进步的态度,鼓励他在政治上、思想上、学习上和工作上都起到模范带头的作用。谈话结束后,整理谈话内容形成书面记录,并签名盖章后保存。

三、建立档案

由党支部组织委员负责对入党申请人造册登记,将入党申请书、谈话记录、思想汇报材料等归档保存。

四、引导教育

可以安排申请人参加一些学习,让他了解党的路线方针政策,在思想上提高对党的深刻认识;也可以安排他们参加党组织的某些活动,提高群众观念和工作责任感,端正入党动机,积极争取进步;党组织也要不断帮助和教育,使他们符合入党积极分子条件。

五、注意事项

(1)关于外出人员的申请书递交哪个单位的问题。外出工作和学习两年及以上的由现工作和学习单位党组织接收;不到两年的,由原单位党组织接收。

(2)关于工作调动后申请入党的问题。申请入党的人工作调动后,党支部要及时将他的入党申请书,连同其他有关材料转给调入单位的党组织,以便于新单位党组织了解申请人的情况,对其进行继续培养、教育和考察。如果入党申请书没有转入新单位，必须重新递交入党申请书。

第六节　入党积极分子的确定和培养教育

按照惯例，党支部接收申请人的入党申请书6个月以后才可能考虑是否将其确定为入党积极分子。这是因为对入党申请人需要一定的时间了解和观察。

一、入党积极分子条件

对入党积极分子原则上应按照党章规定的党员标准衡量，但毕竟入党积极分子要求入党不久，对他们不宜提出更高的要求。因此，入党积极分子一般应具备的条件是：

（1）积极拥护和坚决执行党的路线、方针、政策，在思想上、政治上、行动上同党中央保持一致。

（2）对党有全面深刻的认识，积极要求入党，决心为共产主义奋斗终身。

（3）在生产、工作、学习和社会生活等方面表现突出，是改革开放和社会主义现代化建设的先进分子。

（4）树立正确的群众观念，作风正派，团结同志，在群众中有一定威信。

二、推荐入党积极分子的方式

按照《中国共产党发展党员工作细则》规定，在入党申请人中确定入党积极分子应当采取党员推荐、群团组织推优等方式产生人选。因此，实践中确定为入党积极分子有如下两种途径：

（1）党员和党小组推荐。党员认为申请人已符合入党积极分子条件后，向党小组提出推荐为入党积极分子意见。党小组在广泛听取小组党员和群众意见后向党支部推荐入党积极分子。

（2）群团组织推优。工会、共青团和妇联等组织按照党组织要求，向党组织推荐优秀分子作为入党积极分子人选。

党员和党小组推荐可采取党员联名推荐、党小组组织党员推荐或者党支部通过会议推荐、个别谈话推荐等方式推荐人选。党支部要及时汇总和公布推荐结果，自觉接受党员群众监督。

群团组织推优要明确推荐对象。工会组织主要推荐优秀的工人、工会会员作为入党积极分子人选。共青团组织主要推荐优秀的团员、青年作为入党积极分子人选。

群团组织推优的程序一般为：采取会议民主评议和票决方式，提出推荐入党积极分子人选。推荐出的人选报上级群团组织审核后提交给党支部。群团组织推优工作是在党组织统一领导下进行的。

三、群团组织推优的条件

（1）政治上积极要求进步，思想觉悟较高。

（2）拥护党的路线方针政策，遵纪守法。

（3）正确处理国家、企业和个人关系，把党和群众利益放在第一位。

（4）积极投身企业生产经营中，业绩突出。

（5）在群团组织中起到模范带头作用。

四、支委会讨论入党积极分子

在党支部讨论之前，首先人选情况要听取申请人所在党小组的意见，然后听取其他党小组的看法和意见，还要听取单位领导和群众对他的评价等，通过一定方式征求党内外群众意见。

支委会讨论的程序（不设支委会的召开支部党员大会）：

（1）申请人所在的党小组向支委会汇报申请人的入党愿望、表现和党小组推荐讨论的意见等。若是群团组织推优的，由组织委员介绍群团组织推荐的意见，征求其他党小组和党内外群众意见的情况。

（2）讨论。支部委员发表意见。

（3）表决。形成支委会统一的意见。

（4）会议记录。记录在支委会记录本上。

五、确定为入党积极分子后的支部工作

（1）上报备案。党支部讨论研究确定入党积极分子人选，经上一级党总支审查同意后，将相关材料报上级党委组织部门备案。

（2）指定培养联系人。培养联系人一般由党支部指定1至2名能够用党员标准严格要求自己的正式党员担任，可以是普通党员，也可以是党员领导干部。支部指定培养联系人可事先征求入党申请人意见，但必须回避亲属关系。

培养联系人的作用：经常了解入党积极分子的政治思想、工作、学习、现实表现和家庭情况，并向党小组和党支部汇报；介绍党的基本知识，做好培养教育工作，引导入党积极分子端正入党动机，提高入党积极分子的政治觉悟、道德品质，鼓励入党积极分子在工作和学习上积极努力，在思想上、行动上符合党员的条件和标准；负责定期填写《入党积极分子培养教育考察登记表》；向党小组和党支部提出是否将入党积极分子列为发展对象等。

（3）定期培养考察。支部要求入党积极分子每季度向党组织撰写提供一次书面的《思想汇报》材料，培养联系人半年填写一次《入党积极分子培养教育考察登记表》。

党支部要给入党积极分子提供锻炼和考验机会，分配一定的工作，并检查完成情况，使他们懂得一名共产党员的责任，增强党员意识，锻炼工作能力，促进他们尽快成熟。吸收入党积极分子听党课，参加其他学习，参加讨论接收新党员的支部大会、入党宣誓仪式和其他党内活动等，直接了解和熟悉党内生活，培养他们的组织观念，亲身体会党员的权利和义务，增强他们的政治责任感和光荣感。

（4）注意事项。

①关于思想汇报材料。思想汇报应反映出入党积极分子一段时期的思想状况、思想觉悟、认识态度等。主要内容包括对每一时期中心任务或党的号召的认识、态度；参加重要活动或学习重要文件所受的启发教育及体会；个人利益同国家、单位企业利益发生矛盾时，自己的认识和态度；当前的思想状况、工作学习情况、家庭情况和存在的问题；其他需要向党组织汇报的问题等。若遇重要问题，入党积极分子应及时向党组织进行思想汇报。

②关于培养考察动态管理。每考察一次，党支部都要对入党积极分子的表现进行具体分析，针对问题提出培养教育的措施和意见，并通过培养联系人向入党积极分子指出缺点和不足，提出整改的具体要求。对不整改缺点和问题、表现确实不好的入党积极分子，经支部研究后应及时将其调整出入党积极分子队伍，列为一般申请人。

第七节　发展对象的确定和考察

对经过一年以上培养教育和考察、基本具备党员条件的入党积极分子，在听取党小组、培养联系人、党员和群众意见的基础上，支部委员会讨论同意并报上级党委备案后，可列为发展对象。

确定发展对象是发展党员工作中的一个重要环节，对保证发展党员质量有着十分重要的作用。入党积极分子一旦被确定为发展对象，很快就可以办理入党手续，进入党内，所以必须把好这一关口。

一、确定发展对象的程序

党支部在确定入党积极分子为发展对象之前，一般应做以下工作：

（1）征求意见。一是听取培养联系人向党支部汇报培养考察情况，提出是否列为发展对象的建议；二是听取所在党小组对入党积极分子表现情况进行的评议、向党支部提出是否列为发展对象的意见；三是党支部以座谈会、个别交谈方式征求党内外群众意见，听取群众对入党积极分子的评价意见。征求意见的主要作用是了解入党积极分子的成熟程度。

（2）安排写自传。安排入党积极分子写自传，以书面形式全面地、历史地、系统地向党组织汇报。自传内容包括个人基本情况、经历（从小学开始）、过去和现在家庭情况、主要社会关系情况、需要向党组织说明的问题、自己的思想变化过程等。自传写好后交党支部审查，并由党支部组织委员负责归档保存。

（3）支部委员会讨论研究。支部委员会（不设支部委员会的由支部党员大会）将党小组、培养联系人、党员和群众的意见进行综合，经过研究讨论确定发展对象人选。

二、发展对象的培养与考察

（1）指定入党介绍人。支委会会议研究列为发展对象后，应指定2名正式党员为发展对象的入党介绍人。入党介绍人一般情况下继续由培养联系人担任。如果入党介绍人调离发展对象所在单位，无法继续履行入党介绍人的责任时，党支部应当重新确定发展对象的入党介绍人。原介绍人要向新介绍人介绍发展对象的培养教育考察情况，做好工作衔接。

入党介绍人的主要任务：向发展对象解释党的纲领、章程、说明党员的条件、义务和权利；认真了解发展对象的入党动机、政治觉悟、道德品质、工作经历、现实表现等情况，如实向党支部汇报；指导发展对象填写《中国共产党入党志愿书》，并认真填写自己的意见；向支部大会负责地介绍发展对象的情况等。

（2）上报备案材料。将相关材料报党总支审查同意后，报党委组织部门备案。

（3）政治审查。党组织要对发展对象进行政治审查。政治审查一般是由党支部组织实施，党委组织部门负责审查。

①政治审查的主要内容：对党的理论和路线、方针、政策的态度；政治历史和在重大政治斗争中的表现；遵纪守法和遵守社会公德情况；直系亲属和与本人关系密切的主要社会关系的政治情况。

②政治审查的基本方法：同本人谈话、查阅有关档案材料、找有关单位和人员了解情况，以及必要的函调或外调。在听取本人介绍和查阅有关材料后，情况清楚的可不函调或外调。

③政治审查的对象：本人、直系亲属（父母、抚养人、配偶子女）、主要社会关系（岳父母、公婆、伯叔姑舅姨）的政治面貌、职业、政治表现及与本人的关系等。对于同本人没有或很少联系、影响不大的非直系亲属，可不列入政治审查范围。

④函调或外调：如果函调或外调需要出据证明材料的，需加盖公章，盖章要求是：城市和工厂需盖党委组织部门公章；农村需盖乡镇党委公章；社区需盖居民办事处党委或组织部门公章；解放军需盖团以上政治处公章。证明材料没有加盖公章的无效。

⑤政治审查要形成材料。政治审查必须严肃认真、实事求是，注重本人的一贯表现。党组织对发展党员工作进行政治审查后，要形成综合性政审材料。

凡是未经政治审查或政治审查不合格的，不能发展入党。

（4）综合性政审材料内容。党组织对发展对象进行政治审查后，要形成综合性政审材料。综合性政审材料一般包括的内容是：

①发展对象本人的简历。

②政审中提出的问题。包括发生的时间、地点和主要情节。同时，要说明是本人主动说清的，还是组织调查出来的，或是别人反映、检举出来的，组织上是否作过结论。

③调查结果。写明经调查已清楚的问题，以及还没弄清楚的问题或疑点。

④结论性意见。经过对调查情况的综合分析，提出是否影响发展对象入党

的结论性意见。

（5）政治审查不合格的情况。发展对象有下列情形之一的，属于政治审查不合格。

①对马克思主义缺乏信仰，不具备共产主义觉悟，对中国特色社会主义缺乏信心，不能自觉践行社会主义核心价值观。

②在思想上、政治上和行动上不能自觉与党中央保持一致，在重大政治斗争中立场不坚定、态度不坚决，不能旗帜鲜明地捍卫党和国家、人民利益，不能同一切错误思潮和倾向进行斗争。

③不能严格遵守党的政治纪律和国家法律法规，涉嫌违法违纪正在被调查处理，或正在侦查、起诉和审判。

④群众观念淡薄，服务群众意识差，在生产、工作、学习和社会生活中不发挥带头作用，落后于普通群众。

⑤道德品质败坏，生活作风不检点，有违反社会公德、职业道德、家庭美德行为。

⑥对党不忠诚老实，对党组织回避和隐瞒重大政治历史和其他问题，在政治审查中弄虚作假或不接受、不配合党组织的政治审查。

⑦直系亲属和主要社会关系中，有从事危害国家安全、参与邪教组织、严重违法违纪等行为，本人在政治上、思想上不能与其划清界限。

⑧党组织认为发展对象政治审查不合格的其他情形。

（6）短期集中培训。党组织要对发展对象进行短期集中培训。一般情况，尚未列为发展对象的入党积极分子和入党申请人，不宜参加短期集中培训班。

短期培训班，应由党委组织部（科）举办，采取集中培训方式学习3—5天（24课时）。集中培训结束时，要求培训对象联系思想实际做好个人总结，并组织综合考试，颁发《培训合格证》。培训的主要内容是《中国共产党章程》《关于党内政治生活的若干准则》、中央组织部编写的《入党教材》；马克思列宁主义、毛泽东思想、邓小平理论、"三个代表"重要思想、科学发展观和习近平新时代中国特色社会主义思想理论体系教育；党的路线、方针、政策和党的基本知识教育，党的历史和优良传统、作风教育，以及社会主义核心价值观教育，使他们懂得党的性质、纲领、宗旨、组织原则和纪律，懂得党员的义务和权利，确立为共产主义事业奋斗终身的信念。

未经培训的，除个别特殊情况外，不能发展入党。

第八节　支部委员会讨论研究确定发展对象会议实例

支部委员会讨论研究确定发展对象会议

会议时间：××××年××月××日上午9∶00

会议地点：党支部会议室

应到人数：5人

实到人数：5人

缺席人员：无

主持人：支部书记×××

汇报人：组织委员×××

参加会议人员：×××、×××、×××、×××、……

记录人：×××

内容：×××单位×××党支部支委会研究发展对象会议

情况记录：

同志们：

今天上午，我们召开支委会，主要议题是讨论研究×××同志列为发展对象的问题。今天5名支委会成员都到会，符合开会要求。

×××同志经过一年半的入党积极分子培养教育和考察，培养联系人×××、×××同志向党支部积极推荐，所在党小组对×××同志的表现情况也进行了评议和推荐，经过广泛征求党内外群众意见。今天主要研究讨论是否将其列为发展对象。下面请组织委员×××同志介绍情况。

会议进行第一项：组织委员×××汇报。

汇报内容包括一年半以来的培养教育考察情况，党小组、培养联系人、党员和群众的综合性意见，以及其他需要说明的情况和问题。

会议进行第二项：讨论。

支委成员发表意见，讨论是否列为发展对象。

会议进行第三项：表决。

同意将×××同志列为发展对象的举手。（支委成员全部举手）

不同意的举手。（没有）

弃权的举手。（没有）

全体委员通过。

会议进行第四项：相关安排。

今天支委会研究通过了将×××同志列为发展对象，会后请组织委员×××同志按照相关要求和程序，将材料报上级党组织审批和备案。

今天的会就开到这里。散会。

注意：如果有2名以上同志列为发展对象的讨论，应逐个介绍、发表意见和表决，即第一位介绍完后，大家讨论发表意见，并进行表决，之后再进行第二位的相应程序。

第九节　预备党员的接收和教育考察

一、召开接收预备党员的支部党员大会前的工作

列为发展对象后，党支部在做好政治审查、送短期集中培训等工作后，在召开支部大会讨论发展党员之前，一般应做好以下工作。

（1）征求意见。党小组酝酿讨论提出意见；广泛征求党员和群众对发展对象的意见。

（2）支部谈话。党支部安排负责人或组织委员与发展对象谈一次话，了解发展对象对党的认识和态度、入党动机，以及其他情况，并指导发展对象准备好向支部党员大会汇报的内容，正确对待可能受到的批评，甚至做好不能通过的思想准备。

（3）支委会研究审查。召开支委会，听取入党介绍人关于发展对象情况汇报，对发展对象有关问题进行严格审查。支委会集体讨论，确认具备入党条件和手续完备。

（4）公示。将发展对象的有关情况（包括姓名、性别、年龄、文化程度、现任职务、主要经历、申请入党时间、支委会意见等）通过张榜公告等形式在发展对象的单位、工作场所等处进行不少于5天的公示，接受党员、群众监督和问题反映。

（5）报上级党委预审。经支委会讨论和审查的发展对象材料，报党总支审查后，报处级单位党委预审。党委预审结束后，将材料退回党支部。上报预审材料包括：

①入党申请书、思想汇报材料；

②入党积极分子培养教育和考察情况；

③政治审查结论性材料；

④参加短期培训情况；

⑤发展对象综合审查情况；

⑥其他需要向上级党委上报审查的材料。

（6）填写《中国共产党入党志愿书》。上级党委预审合格的，发放《中国共产党入党志愿书》，由入党介绍人指导发展对象填写。

（7）准备好上会材料。在支部召开党员大会之前，组织委员要准备好向大会报告的材料，如培养教育和考察的情况、政审报告、征求党内外群众意见的情况、其他需要说明的问题、支部能否接收入党的意见等。

二、支部党员大会讨论接收预备党员的程序

发展党员工作中一个很重要的环节就是支部委员会要对发展对象进行严格审查，支委会要在上级党委预审合格后指导发展对象填写《中国共产党入党志愿书》，再提交支部大会讨论。支部大会讨论接收预备党员的主要程序：

（1）发展对象汇报对党的认识、入党动机、本人履历、家庭和主要社会关系情况，以及需要向党组织说明的问题。

（2）入党介绍人介绍发展对象有关情况，并对其能否入党表明意见。

（3）支部委员（组织委员）报告对发展对象审查的情况。

（4）与会党员发表意见，对发展对象能否入党进行充分讨论。

（5）与会党员采取无记名投票方式进行表决。赞成人数超过应到会有表决权的正式党员的半数，即可作出同意接收预备党员的决议。

（6）发展对象对支部大会表明自己的态度。

（7）支部党员大会的注意事项。召开讨论接收预备党员的支部党员大会应当注意：

①要保证出席人数。如果有表决权的正式党员实到会人数不足应到会有表决权人数的一半，支部党员大会不能举行；虽超过半数，但缺席人数较多，一般也应改期召开。

②发展对象及入党介绍人必须参加支部党员大会。

③在召开讨论接收预备党员的支部党员大会前，支部委员会要通知党支部全体党员。开会时，主持人要引导大家充分发表意见。

④支部党员大会讨论两个以上的发展对象入党时，必须逐个讨论和表决。

⑤因故不能到会的有表决权的正式党员，在支部党员大会召开前正式向党支部提出书面意见的，应当统计在票数内。

三、支部党员大会后的工作

支部党员大会通过接收发展对象为预备党员决议后，党支部应及时将决议填入《中国共产党入党志愿书》相关栏目中，并连同入党申请书、政审材料、培养考察材料等，报上级党组织审查。同时，要上报一份接收预备党员的综合报告。

（1）填写决议。党支部书记将支部大会形成的决议，填写入《中国共产党入党志愿书》中。支部党员大会决议主要包括发展对象的主要表现、应到会和实际到会有表决权的党员人数、表决结果、通过决议的日期、支部书记签名。

（2）报上级党组织审批材料。上报接收预备党员材料包括《入党申请书》《中国共产党入党志愿书》《入党积极分子、预备党员培养教育考察登记表》《入党积极分子短期集中培训成绩通知书》《发展对象政治审查情况表》及政审材料、《发展（转正）党员公示情况表》《关于发展对象的审查情况表》、4份以上思想汇报等。

四、党总支对入党材料审查

党总支在接到支部上报的入党材料后，对《中国共产党入党志愿书》等有关材料进行审查，看入党手续是否完善，材料是否齐全和规范。党总支需要审查的入党材料包括入党申请书、思想汇报、政治审查材料、培养教育考察材料、《入党积极分子考察登记表》《中国共产党入党志愿书》等。

（1）对发展对象的入党程序进行审查。

（2）广泛听取党内外群众意见。

（3）同发展对象进行谈话。

（4）审查合格后，党总支签署意见，盖章后连同其他材料上报处级单位党委组织部门审核。

五、上级党委派人谈话

党委组织部门审核发展对象入党材料后，在党委审批之前，党委指派组织员或党委委员同发展对象进行谈话，作进一步考察。谈话内容主要有：发展对象结合本职工作谈对党的认识，入党动机和对党的路线方针政策的态度，对重大政治事件的看法；组织员或党委委员提出一些有关党的基本知识方面的问题，让其回答，了解其对党的基本知识的掌握情况，对发展对象在思想上、工作上和学习上提出更高要求并鼓励。

六、党委审批

党委主要审议发展对象是否具备党员条件、入党手续是否完备。发展对象符合党员条件、入党手续完备的，批准其为预备党员。党委审批意见写入《中国共产党入党志愿书》，注明预备期的起止时间，并通知报批的党支部。党支部应当及时通知本人并在党员大会上宣布。对未被批准入党的，应当通知党支部和本人，做好思想工作。

七、指定专人教育考察

支部党员大会通过预备党员后，支部书记或组织委员与其谈一次话，预备党员每季度向党组织作一次书面思想汇报。指定专人负责跟踪考察，一般由入党介绍人继续督促和教育预备党员按照共产党员标准严格要求自己。入党介绍人每季度对预备党员进行一次考察，并形成文字材料报党支部。填写《预备党员培养教育考察登记表》。对预备党员的培养教育考察工作主要注重以下几方面：

（1）加强对预备党员的教育。使他们进一步坚定共产主义信念，端正入党动机，自觉按照党员标准严格要求自己。

（2）给予预备党员分配适当的社会工作和群众工作，有意识地给他们交任务、压担子，使他们在工作实践中经受锻炼，不断提高自己的能力素质，使他们牢固树立全心全意为人民服务的宗旨。

（3）及时了解预备党员的思想、工作、学习和履行党员义务的情况，并要求他们经常向党组织汇报。对他们存在的缺点及时批评和教育，帮助他们改正。

（4）编入党支部和党小组。上级党委批准接收为预备党员后，党支部应当及时将其编入党支部和党小组，参加党组织活动、交纳党费。

八、入党宣誓

上级党委批准接收为预备党员后，预备党员面向党旗进行入党宣誓，这是发展党员工作的必经程序，也是党组织对预备党员入党后进行的一次庄严、仪式感强、生动实际的党的观念教育。预备党员通过入党宣誓，表示他们自愿承担共产党员的政治责任，表明对党的事业的忠诚，可以使他们时刻用誓言来激励自己，终身牢记誓言，并努力付诸实践。举行入党宣誓仪式的主要程序如下。

（1）参加人：预备党员、党组织负责人、优秀党员代表、受邀老党员、部分入党积极分子、上级党组织有关人员。

（2）主持人宣布宣誓仪式开始，唱（奏）《国际歌》。

（3）党组织负责人讲话（致辞）。

（4）宣誓。宣誓人列队，面对党旗，举右手握拳过肩，领誓人领誓。

（5）参加宣誓的预备党员代表发言。

（6）应邀出席入党宣誓仪式的老党员、优秀党员和入党积极分子代表发言。

（7）上级党组织负责人讲话。

（8）主持人宣布宣誓仪式结束。

预备党员入党宣誓必须在上级党委批准接收为预备党员后举行，也不能放在转为正式党员后进行。一般由党委、党总支和党支部组织举行。党小组不能组织入党宣誓仪式。

第十节　支部党员大会接收预备党员议程实例

支部党员大会接收预备党员议程

会议时间：××××年××月××日上午9：00

会议地点：×××会议室

应到人数：××人

实到人数：××人

缺席人数：无

主持人：支部书记×××

参加会议人员：×××、×××、×××、×××、……

记录人：×××

内容：×××党支部党员大会讨论接收预备党员

情况记录：

同志们：

今天，我们召开支部党员大会。

下面清点到会人数。

（清点后）现在报告党员出席会议情况：本支部共有党员××名，其中有表决权党员××名；今天到会党员××名，其中有表决权的党员××名，符合规定的会议有效人数，可以开会。

今天会议的议程是：讨论接收×××同志入党问题。

我单位的入党积极分子×××、×××同志也应邀列席，让我们以热烈的掌声表示欢迎。

现在我宣布接收预备党员支部党员大会开始。

大会进行第一项：

入党申请人×××同志汇报对党的认识、入党动机、本人履历、家庭和主要社会关系情况，以及需向党组织说明的问题。

大会进行第二项：

请入党介绍人介绍情况并发表意见。

首先，请×××的第一介绍人×××同志发言。

下面，请×××的第二介绍人×××同志发言。

大会进行第三项：

请×××党小组组长×××同志宣读小组意见。

大会进行第四项：

请组织委员×××同志代表支委会介绍入党申请人的培养教育和考察情况，宣读政审报告，提出能否接收入党的支部委员会意见。（组织委员汇报内容包括发展对象的基本情况和现实表现、政治历史和在重大政治斗争中的表现、遵纪守法和遵守社会公德、直系亲属和主要社会关系政治情况的审查情况、征求党内外意见情况、上级党委对发展对象的预审情况、填写的《中国共产党入党志愿书》审查情况等）

大会进行第五项：

党员讨论。

请大家发表意见。

大会进行第六项：

大会表决。

通过计票人和监票人。支部推荐计票人为×××同志，监票人为×××同志，请各位党员审议，有意见的同志请发表。

现在表决通过计票人和监票人。

同意的举手。请放下。

不同意的请举手。（没有）

弃权的请举手。（没有）

请大家鼓掌通过。

请监票人检查票箱，请计票人分发表决票。请认真阅读填表说明，没有领到表决票的请举手。

下面我说明填票注意事项。

请大家填票。

无记名投票。

请计票人、监票人投票，其他同志投票。

请计票人、监票人计票。

监票人宣读表决票数情况。

全体党员通过。

我宣布，经支部大会无记名投票表决，对×××同志的赞成人数超过应到会有表决权的正式党员的半数，同意接收×××同志为预备党员。

大会进行第七项：

通过支部大会决议。

请组织委员×××同志代表支委会宣读。

大会进行第八项：

请入党申请人×××同志发言表态。

请入党积极分子×××、×××同志发言。

大会进行第九项：

支部书记对会议作简单总结，并提出下一步工作要求。

散会。

第十一节　预备党员转正

党支部应当通过党的组织生活、听取本人汇报、个别谈心、集中培训、实践锻炼等方式，对预备党员进行教育和考察。预备党员的预备期为一年，预备期从支部党员大会通过其为预备党员之日算起。预备党员预备期满，党支部应当及时讨论其能否转为正式党员。认真履行党员义务、具备党员条件的，应当按期转为正式党员；党员的党龄，从预备期满转为正式党员之日算起。需要继续考察和教育的，可以延长一次预备期，延长时间不能少于半年，最长不超过一年；不履行党员义务、不具备党员条件的，应当取消其预备党员资格。

预备党员转正的手续是：本人向党支部提出书面转正申请；党小组提出意见；党支部征求党员和群众的意见；支部委员会审查；支部大会讨论、表决通过；报上级党委审批。

一、支部党员大会讨论预备党员转正前的工作

（1）本人提出申请。一般情况下，预备党员应在预备期满前一周主动向所在党支部提出转为正式党员的书面申请。因特殊情况不能按时提出转正申请的，应当在其预备期满后一个月之内向党组织提出书面转正申请。对预备期满本人没有及时提出转正申请的预备党员，党支部要及时提醒他。

（2）党小组提出意见。预备党员预备期满，在本人提出转正申请后，必须

经过党小组讨论，提出初步意见。这样做可以使党支部更详细地了解转正对象的情况，便于支部委员会的审查和支部党员大会的表决。

（3）广泛征求意见。党支部采取多种方式广泛征求党内外群众对预备期满的预备党员能否转正的意见，并把党内外群众的意见作为衡量预备党员能否转正的重要依据。

（4）公示。通过张榜、公告等形式，在预备党员的单位、工作场所等处公布，对拟转正的预备党员进行不少于5天的公示，接受党员、群众监督和问题反映。公示后才能将预备党员转正名单提交支委会审查。

（5）支委会研究。党支部根据预备党员本人的申请、党小组意见和党内外群众意见、公示情况，以及在预备期间的教育考察的情况，召开支部委员会会议进行综合分析，认真研究和提出预备党员能否转为正式党员的意见后，再提交支部党员大会讨论。

（6）支部党员大会讨论。预备党员能否按期转为正式党员，应由支部党员大会讨论决定。申请人和入党介绍人应到会。

二、支部党员大会讨论预备党员转正的主要程序

党章规定，预备党员转正必须经支部党员大会讨论通过。讨论预备党员转正问题的支部大会主要程序如下：

（1）申请转正的预备党员汇报自己在预备期间的表现，肯定成绩和进步，找出缺点和不足，表明自己的态度和决心，向党组织说明有关问题。

（2）党小组介绍预备党员在预备期间的表现情况和小组意见。

（3）支部组织委员介绍对预备党员在预备期间的教育和考察情况，代表支部提出能否转为正式党员的意见。

（4）经过讨论，与会党员充分发表意见。

（5）申请转正的预备党员对大会讨论的意见表明态度。

（6）大会表决。采取无记名投票方式进行表决。

（7）作出决议。决议主要包括预备党员在预备期间表现，支部党员大会讨论的情况，党员应到、实到会议人数，表决结果，通过决议日期，支部书记签名等。

三、预备党员转正的支部党员大会后的工作

（1）填写决议。党支部书记将支部党员大会形成的决议，填写入预备党员

的《中国共产党入党志愿书》。支部党员大会决议主要包括预备党员的主要表现、应到会和实际到会有表决权的党员人数、表决结果、通过决议的日期、支部书记签名。

（2）上报党总支审查。上报预备党员转正材料包括《中国共产党入党志愿书》《入党积极分子、预备党员培养教育考察登记表》《发展（转正）党员公示情况表》、预备党员转正申请书、预备党员思想汇报。

（3）党总支对预备党员转正审查。党总支在接到党支部上报的入党材料后，对《中国共产党入党志愿书》和有关材料进行审查，主要审查手续是否完备、程序是否符合要求。审查合格后，党总支书记在《中国共产党入党志愿书》内签署意见，盖章后连同其他材料上报处级单位党委组织部门审核。

（4）上级党委审批。上级党委组织部对材料审查审核合格后，报党委批准。上级党委的预备党员转正通知下发后，党支部书记或副书记应及时与预备党员本人谈话，并在支部党员大会上宣布。谈话的内容主要包括教育其按照党章规定的党员标准严格要求自己，继续加强党性锻炼和修养，发挥先锋模范作用，等等。对未能得到批准的预备党员应向其说明原因，指出存在的主要问题和今后努力的方向，鼓励其克服缺点、继续进步，接受组织教育。

（5）对被批准转为正式党员的预备党员，党支部负责人将《中国共产党入党志愿书》《入党积极分子、预备党员培养教育考察登记表》、综合性政审材料、入党申请书、转正申请书等送交党委组织部门归入档案。

第十二节　发展党员工作中需注意的问题

一、入党手续包括的主要内容

根据党章和《中国共产党发展党员工作细则》的有关规定，入党手续主要包括以下内容：

（1）要求入党的申请人向党组织提交入党申请书；

（2）党支部采取党员推荐或群团组织推优等方式产生入党积极分子人选，由支部委员会会议研究确定入党积极分子，并报上级党委备案；

（3）党组织指定一至两名正式党员作为入党积极分子的培养联系人；

（4）党组织对入党积极分子进行一年以上的培养教育和考察，对基本具备党员条件的，在听取党小组、培养联系人、党员和群众意见的基础上，经支部委员会会议讨论同意并报上级党委备案后，可将其列为发展对象；

（5）党支部指定两名正式党员作为发展对象的入党介绍人；

（6）党组织对发展对象进行政治审查；

（7）党组织对发展对象进行短期集中培训；

（8）支部委员会对发展对象进行严格审查，经集体讨论认为合格后，报具有审批权限的基层党委预审；

（9）基层党委预审后，审查结果书面通知党支部，并向审查合格的发展对象发放《中国共产党入党志愿书》；

（10）支部委员会将基层党委预审合格的发展对象提交支部党员大会讨论，作出决议，并报上级党委审批；

（11）上级党委指派党委组织员或党委委员同发展对象谈话，作进一步了解；

（12）上级党委集体讨论和表决，将审批意见通知报批的党支部，并报上级党委组织部门备案；

（13）被批准入党的预备党员面向党旗进行入党宣誓；

（14）预备党员预备期满后，向党支部提出书面转正申请，经支部党员大会讨论通过，报上级党组织批准，转为正式党员。

二、入党申请人、入党积极分子、发展对象之间的联系和区别

入党申请人、入党积极分子、发展对象是发展党员工作中具有特定含义的三个概念。三者之间有明确不同的称谓，但也有紧密的内在联系。对于要求入党的同志来说，这三者是他们入党前逐步具备党员条件的不同阶段；对于党组织来说，这三者是衡量要求入党的同志成熟程度的标志。

三、出国（境）留学和工作人员申请入党

出国（境）留学、工作人员中，凡出国（境）时间在两年以下的，一般不进行发展党员工作；出国（境）时间在两年以上的，可以向留学人员党组织或驻外中资机构、劳务公司党组织提出入党申请。在出国（境）工作人员中发展党员应坚持标准，保证质量，严格入党手续。接受入党申请的党组织应通过多种形式加强对入党申请人的培养教育和考察，特别重视对其政治觉悟和道德品

质的考察。发展他们入党前，要征求国内有关单位党组织的意见。如驻在国情况特殊或党员分散，未建立留学人员、驻外劳务公司党组织的，应向国内有关单位党组织提出入党申请。

四、入党介绍人应是本单位党支部的党员

入党介绍人一般应由本单位党支部的正式党员担任。因为同一单位党支部的党员对入党申请人的政治、思想、工作、学习等方面的情况比较熟悉和了解，担任入党介绍人有利于对入党申请人进行培养、教育和考察。在特殊情况下，如发展对象所在单位党支部没有符合条件的正式党员，也可由其上级党组织范围内的其他支部的正式党员担任。

五、在接收预备党员的支部党员大会之前支委会需要进行审查的内容

在支部党员大会讨论接收预备党员之前，支部委员会对发展对象的有关问题要进行严格审查，审查内容如下。

（1）审查发展对象对党的认识是否正确，入党动机是否端正，对党的路线、方针政策态度如何，以及能否正确对待组织的考验等。

（2）审查发展对象的经历、家庭主要成员和社会关系等情况是否清楚，与党组织了解的情况是否一致。需要进行内查外调的问题，是否查清并附有必要的材料，这些材料与本人所述是否一致。

（3）审查发展对象的培养、教育、考察记录，审查党小组和群团组织推荐的意见。

（4）经过审查，确认发展对象符合党员条件、手续完备的，才可提交支部党员大会讨论。

六、召开接收预备党员的支部党员大会应注意的问题

（1）要保证出席人数。如果有表决权的正式党员实到会人数不足应到会人数的一半，支部大会不能举行；虽然实到会人数超过半数，但缺席人数较多，一般也应改期召开。

（2）发展对象及入党介绍人必须参加支部党员大会。如果发展对象不能参加会议或两名入党介绍人均不能参加会议，支部党员大会应改期召开。如一名介绍人不能出席会议，但在会前已将被介绍人的情况向支部做了负责的报告，可以召开支部党员大会。

（3）在召开接收预备党员的支部党员大会前，支委会要通知支部全体党员。开会时，主持人要引导大家充分发表意见。

（4）支部党员大会讨论两个以上的申请人入党时，必须逐个讨论和表决。

七、已调出的入党申请人能否在原单位办理入党手续

申请人调出时，调出单位党组织应当认真负责地将对其培养、教育和考察情况的材料，转给调入单位的党组织。能否发展入党由调入单位党组织决定。有的单位的党组织趁入党申请人调动工作之机，不坚持原则，拿入党送人情，这是对党不负责任的表现，是党的纪律所不允许的。遇到这种情况，调入单位的党组织应该抵制，并向上级党组织及时反映。上级党组织应严肃查处。

八、经支部党员大会讨论通过接收的预备党员，党委尚未审批时调动工作，其审批手续如何办理

支部党员大会讨论通过接收的预备党员，党委尚未审批即调动工作的，党委应在其没有办理调动手续前抓紧审批。如一时审批确有困难，调动后三个月内必须审批。审批结果要及时通知原所在党支部，同时将审批结果及有关材料及时转给预备党员调入单位的党组织。

九、预备党员不能担任的职务

预备党员正在接受党组织的考察教育，对党内有关规定和党内生活尚不够熟悉，没有取得正式党员的资格，在党内还没有表决权、选举权和被选举权。因此，预备党员不能担任任何党内职务，包括各级党组织、党的工作部门的职务和党小组组长；不能担任入党介绍人；不宜宣讲党课；不宜评为优秀党员。

十、预备党员不能提前转正

党章规定，预备党员的预备期为一年。这是对预备党员进一步教育和考察的比较适当的期限，时间短了难以起到预备的作用。一般情况，预备党员应在预备期满前一周主动向所在党支部提出转为正式党员的书面申请。因特殊情况，不能按时提出转正申请的，应当在其预备期满后一个月之内向党组织提出书面转正申请。党支部一般应当在收到预备党员转正申请的一个月内召开党员大会讨论其转正问题，遇特殊情况最长不超过三个月。

十一、预备党员应参加民主评议

预备党员参加民主评议党员，评议的内容、要求、方法和步骤同于正式

党员。但在表彰、处理阶段，与正式党员有所不同。一是预备党员不宜被评为"优秀党员"，对表现突出的，可以给予口头表扬或奖励，特别突出的可用其他方式表彰，宣传他的事迹。二是对预备党员不能作退党处理。在民主评议中需要进行组织处理的预备党员，根据具体情况，有的进行批评教育，帮助其在预备期内改正错误；有的延长预备期；有的取消预备党员资格。

十二、预备党员在预备期间工作调动比较频繁，如何办理转正

预备党员在预备期间因工作调动所到过的单位党组织，只要接到该预备党员的党组织关系，就应当负责对其进行考察和教育，并在其调离时，将其表现情况向预备党员现单位党组织进行负责地介绍。预备党员预备期满时，现单位党组织应当对其进行认真审查，根据表现情况，并参考原单位和曾到过的单位党组织的意见，按时讨论其转正问题。

十三、民主党派人士入党的问题

对要求加入中国共产党的民主党派一般成员，只要他们具备党员条件，就可以按照党章规定为他们办理入党手续。民主党派负责人要求入党的，应适当加以控制。

凡吸收民主党派各级主要负责人加入党组织，由同级党委审议后，先征求上级党委组织部、统战部的意见，然后按照党章规定办理入党手续，报上级党委审批。在省级民主党派主委、副主委、秘书长、组织部（处）长中发展党员，需经省级党委审议，再由组织部、统战部联合报中央组织部、中央统战部征求意见，然后办理入党手续。

第十三节　发展党员工作主要例文

主要介绍入党申请书、自传、思想汇报、考察实录、证明材料、政审报告、党支部决议、公示、《中国共产党入党志愿书》等材料的写作。

一、入党申请书

1. 基本书写格式和内容

（1）标题。居中写"入党申请书"。

（2）称谓。即申请人对党组织的称呼。一般写"敬爱的党组织"。顶格写在

标题下第一行，后面加冒号，表示有话要说。

（3）正文。主要内容包括：①为什么要入党，主要写自己对党的认识和入党动机；②自己的政治信念、成长经历和思想、工作、学习、作风等方面的情况；③对待入党的态度和决心。

（4）其他需要向党组织说明的问题。

（5）结尾。一般都用"请党组织在实践中考验我"或"请党组织看我的实际行动"等作为正文的结束语。正文写完之后，加"此致，敬礼"等用语结束全文。

申请书的最后，要署名和注明申请日期。一般写"申请人×××"，下面写上"××××年××月××日"。

2.应注意的问题

（1）要认真学习党章和党的基本知识，了解党，认识党，树立正确的入党动机，要联系思想实际谈自己对党的认识，向党组织交心，切忌只抄书抄网络，不谈真实思想。

（2）要对党忠诚老实，如实向党组织说明自己的政治历史和经历等有关情况，不得隐瞒或伪造。

（3）入党申请书一般由本人书写，如因文化程度低或其他特殊情况，不能亲自写的，可以由本人口述，请别人代写。由他人代写的要说明不能亲自写的原因，经申请人签名盖章后提交党组织。

【例文】

入党申请书

敬爱的党组织：

我申请加入中国共产党。中国共产党是中国工人阶级的先锋队，同时是中国人民和中华民族的先锋队，是中国特色社会主义事业的领导核心，代表中国先进生产力的发展要求，代表中国先进文化的前进方向，代表中国最广大人民的根本利益。党的最高理想和最终目标是实现共产主义。党的宗旨是全心全意为人民服务，她先天下之忧而忧，后天下之乐而乐，深受人民的信任和爱戴。我热爱中国共产党，坚信共产主义社会一定会实现，愿意把个人的一切献给共产主义的伟大事业，并决心为之奋斗终身。

我生长在一个普通工人的家庭，亲眼目睹了改革开放以来发生的深刻变化，并逐步认识到：没有党的领导，就没有祖国今天的大好形势，只有跟着共产党走，我们的日子才越来越美好。中国共产党不愧为伟大、光荣、正确的党，我从内心信仰中国共产党和共产主义，渴望早日成为先锋队的一员，为党的事业奋斗终身。为此，我决心以一个党员的标准严格要求自己，努力做到以下几个方面：

第一，树立坚定的马克思主义信仰、共产主义觉悟和中国特色社会主义信念。认真学习马列主义、毛泽东思想、邓小平理论、"三个代表"重要思想、科学发展观和习近平新时代中国特色社会主义思想，学习党的路线、方针、政策，学习党的基本知识，钻业务，练技能，努力提高自己的政治觉悟和工作本领。

第二，坚持群众观念，树立为民服务的思想，践行群众路线，一心一意为民服务，维护群众利益。

第三，对党忠诚老实。大是大非面前旗帜鲜明，在政治上、思想上、行动上始终与党中央保持一致。

第四，坚定不移地执行党的基本路线，努力宣传党的路线、方针、政策。积极完成上级组织交给的各项任务，做到吃苦在前、克己奉公，在各项工作中起带头作用。

最后，我向党组织保证，不论党组织能否批准我的请求，我都会加倍努力工作，自觉接受党组织的考验。请党组织看我的实际行动。

　　此致，
敬礼！

申请人：×××

××××年××月××日

二、自传

自传是以书面形式向党组织汇报自己的经历、政治、思想、家庭、社会关系状况等的全过程。以便党组织充分了解和认识自己。

1. 自传包括的主要内容

（1）本人基本情况。包括姓名、性别、民族、出生年月、籍贯、文化程度、家庭出身、从事工作及担任的职务等。

（2）自己的经历。包括在学校读书和走向社会以后的经历、每一阶段的时间衔接。一般从上小学或7周岁入学写起，读书、工作的起始时间，单位，所担任的职务和受过何种奖励、处分，参加过什么组织，证明人是谁，以及需要向党组织说明的其他问题。

（3）过去和现在家庭的主要成员情况。直系亲属（指父母、配偶、子女和与自己有抚养关系的人员）和主要社会关系（指与本人关系密切的旁系亲属如岳父母、公婆、伯姑舅姨等）的政治面貌和职业，与本人的关系、影响的程度等。

（4）自己的思想变化过程。写明各个时期的思想变化，对党的认识。这是自传的主体部分。写明在重大政治斗争中自己的情况，如对"文化大革命"、1989年"政治风波"，以及党和国家在反恐、取缔邪教组织等的思想态度和认识等。

2. 写自传应注意的问题

（1）要坚持实事求是的原则。要如实写自己的经历，实事求是地评价自己。

（2）对党忠诚老实。如实写出家庭、主要社会关系中的问题，以及本人的政治历史问题，不得隐瞒和伪造。

（3）要从实际生活中总结经验教训。

（4）自传要写得详细些，对主要的经历情节要交待清楚。

【例文】

自　传

我叫×××，男，××民族，×××文化，××省××市××县人，××××年××月××日出生，××××年××月在×××单位参加工作。现任×××单位×××职务（工种）。

我的学习和工作经历是：

××××年××月至××××年××月，在××××小学读书，证明人×××；

××××年××月至××××年××月，在××××中学读书，证明人×××；

××××年××月至××××年××月，在××××大学读书，证明

人×××;

××××年××月至××××年××月,在×××单位工作,任×××职务,证明人×××;

××××年××月至今,在×××单位工作,任×××职务,证明人×××。

我的家庭主要成员:

父亲,×××,××民族,××××年××月××日出生,政治面貌××,现在×××单位工作,任×××职务;

母亲,×××,××民族,××××年××月××日出生,政治面貌××,现在×××单位工作,任×××职务;

妻子,×××,××民族,××××年××月××日出生,政治面貌××,现在×××单位工作,任×××职务;

女儿,×××,××民族,××××年××月××日出生,政治面貌××,现在××××学校读书。

我的主要社会关系:

岳父,×××,××民族,××××年××月××日出生,政治面貌××,现在×××单位工作,任×××职务;

岳母,×××,××民族,××××年××月××日出生,政治面貌××,现在×××单位工作,任×××职务;

舅舅,×××,××民族,××××年××月××日出生,政治面貌××,现在×××单位工作,任×××职务;

姨妈,×××,××民族,××××年××月××日出生,政治面貌××,现在×××单位工作,任×××职务。

我于××××年××月××日出生在一个工人家庭,是随着祖国的不断繁荣富强而成长起来的。××××年××月刚满7岁就上了小学,在学校努力学习,积极要求进步,小学一年级时就加入了中国少年先锋队,中学二年级就加入了中国共产主义青年团,并在班内担任学习委员、团支部委员。大学期间,积极参加团组织活动,是系团支部委员。当时,由于年轻,还不知道怎样按党员标准要求自己,但在心目中敬仰的就是那些为中国人民解放事业前仆后继的革命先烈，把他们作为自己的学习榜样和追求目标。

1989年春夏之交北京发生"政治风波"期间，我还年幼。从读初中、高中、大学到现在我没有参加过任何非法组织，也没有信仰其他宗教。学习使我进一步认识到，只有坚持中国特色社会主义道路，坚持改革开放，中国才能发展起来，只有坚持共产党领导中国才能强起来，人民才能幸福和富裕。

××××年，我考入了大学。党的十三届四中全会以来，在党中央领导下，我国改革开放驶向了快车道，各条战线取得了举世瞩目的成就，人民生活水平不断提高，综合国力大大增强，国际地位节节攀升，国家政通人和，人民安居乐业。

××××年，我参加了工作，我积极投身到企业发展改革和生产经营工作中，通过学习党章和党的一系列文件精神，认识到在以习近平总书记为核心的党中央领导下，我国社会主义现代化建设事业不断发展，向着中华民族的伟大复兴迈进。特别是看到身边的广大党员任劳任怨的劳动态度和在生产经营工作中涌现出的先进人物事迹，我深受教育，感到只有像他们那样工作、生活，人生才有意义。

××××年××月××日，我向党组织递交了入党申请书。我愿意为实现共产主义社会制度贡献自己的一切。但我深知，与党员的标准相比，自己还有很大差距。比如工作上还缺少创新精神，技术方面深入研究还不够等。今后，我决心进一步努力学习，不断学习习近平总书记新时代中国特色社会主义思想，学习党的基本知识，学习技术，提高思想认识，尽快提高自己的政治理论水平和工作业务能力，希望党组织多多对我进行帮助和教育。

自传人：×××
××××年××月××日

三、思想汇报

思想汇报主要是个人向党组织汇报自己在一段时间里或重大事件活动中的行为和思想表现。一般以书面形式为主。通过向组织汇报，一方面使组织能够及时了解自己的情况，另一方面也可得到组织的帮助、指导。

思想汇报的形式，既可以"思想汇报""我的思想汇报""近期我的思想状况"，以及"思想小结"等为题，也可以直接写给党小组或党支部。正文的开头，一般要写明汇报什么，如"现将我在××活动中思想情况向组织进行汇报""现将我半年来的思想状况汇报如下"等。汇报要抓住重点，如实，简明。正文写完后，写上自己的姓名和年月日。思想汇报主要是写自己的思想状况，当然要涉及工作和学习。一般包括以下内容：

（1）对每一时期中心任务或党的号召的认识、态度。

（2）参加重要活动或学习重要文件所受的启发、教育及体会。

（3）个人利益同国家利益、集体利益发生矛盾时的认识和态度。

（4）当前的思想状况、工作情况和存在的问题。

（5）其他需要向党组织汇报的问题。

写思想汇报应注意：一是要真实，切忌写空话、套话连篇的表面文章；二是要写出自己的思想情况，要有深度。

【例文】

思想汇报

自党组织把我确定为入党积极分子以来，我已多次通过口头或书面形式向党组织汇报了我的思想情况。因为前段时间忙于公司的产能建设技术改造工作，之后又在党校参加了5天的集中培训，直到今天才有时间坐下来向党组织汇报一下自己近三个月的思想情况。

近三个月，对我的思想触动比较大的是在党校参加短期集中培训。这次培训班虽然为期一个星期，但使我平生以来第一次较为系统、全面地学习了《中国共产党章程》《关于新形势下党内政治生活的若干准则》和中央组织部组织局编写的《入党教材》，并观看了公司拍摄的《党旗下》电视片。通过理论学习与座谈讨论相结合，现身说法与收看党员电视片相结合，课堂教学与实地学习相结合，我收获很大。一是提高了思想认识。以前我总认为，入党就是要思想好，到底怎样做才算好却说不清。通过学习，我才逐步懂得，要成为一名共产党员，就要懂得并履行好党员的八项义务，不仅要从组织上入党，更重要的是从思想上入党。二是系统学习了党的基本知识。以前我认为，作为一名党员只要事事走在前就可以了。通过学习，我才发现要成为一名合格的党员，不仅要有全心全意为人民服务的思想，还要有带领群众共同前进的本领。如果不懂得党的基本知识和党的路线、方针、政策，思想上就会迷失方向；如果不懂得科技文化知识，没有一技之长或多技之长，就难以在今天的知识经济时代，真正发挥好党员的先锋模范作用。三是增长了不少见识。通过到一些兄弟单位参观学习，确实开阔了眼界，增长了知识。通过这次学习，自己进一步明确了努力的方向。

今后，我决心认真学习好党章和党的路线方针政策，学习技术和业务知识，并在实际工作中加以灵活运用，发挥好模范带头作用，带领群众搞好工作。请党组织看我的实际行动。

汇报人：×××

××××年××月××日

四、考察写实

对入党积极分子进行考察、写实，是发展党员基础工作之一，也是加强对入党积极分子的管理教育，保证发展质量的重要措施。一般情况下，党支部和培养联系人每半年要对入党积极分子写实考察一次，并填写《入党积极分子考察登记表》。在写实的时候，由于受篇幅的限制，要简明扼要将考察对象在政治思想、工作学习、社会生活、作风纪律等方面的表现如实记录下来。要从入党积极分子的实际情况出发，态度要认真，内容要具体，分析要深刻，避免脱离实际的空话、套话。要抓住重点，有一件事说一件事，不要面面俱到。要全面考察，不要只写优点，对缺点轻描淡写，只简单地提出希望。

【例文】

考察写实

×××同志在××××年上半年学习中，认真且较系统地学习了党的基本理论和基本知识，不断向党组织汇报思想和学习体会，注重征求党内外群众对自己的意见，发扬成绩，克服缺点。工作中，勇于创新，锐意进取，敢抓敢管，雷厉风行，较好地发挥了模范带头作用，受到了同志们的好评。问题和不足是工作中计划性和细致性上还不够。

培养人：×××

××××年××月××日

五、证明材料

证明材料是发展党员政审中的重要依据，是由组织出面来证明发展对象家庭成员和主要社会关系基本情况的一种专门的书面材料。对发展对象进行政治审查过程中，经过党组织同发展对象本人谈话，查阅档案和其他有关材料，找本单位有关人员了解后，仍有某些重要情况不清楚的，可以向外单位的有关人员进行函调和外调。函调或外调的问题必须是与发展对象能否入党密切有关的。对与发展对象入党没有多大关系的问题和一些不必要搞清楚的细枝末节，不必进行调查。同时注意，在搞清楚问题的前提下，尽量节约人力财力，凡函调能解决的，就不要派人外出调查。

证明材料书写格式如下：

（1）标题。一般为"证明""证明信""证明材料"等。

（2）称谓。有明确的收件方，要在标题下面第一行顶格处写收件人全称，在全称后面加冒号。

（3）正文。要按照对方函调提纲的要求，如实地反映被调查人的情况。正文完成后，另起一行，顶格写"特此证明"，后面不加标点。

（4）落款和日期。正文的右下方，要写明出具证明单位的全称，日期要按开出证明的时间如实填写，不能根据需要任意提前或推迟。证明材料写完后要注意加盖公章，经组织部门审核盖章认定后方可寄出。没有公章的党支部须经支部书记签名后将证明材料送上级党委组织部门审核盖章形成有效材料。

【例文】

函调证明材料信　　字第[××××]5号

××××管理中心党支部：

　　我单位准备发展×××同志为中共预备党员，请贵党支部提供×××同志的父亲×××、母亲×××的情况，并写一证明材料（详见调查提纲）。写好后请加盖印章并连同原件一并转回。

（盖章）

中共××××支部委员会

××××年××月××日

回信地址：××××××××××××××

函调回信　　字第[××××]1号

你处所要之证明材料已写好，共　　　页，现连同调查提纲转去，请查收。

（盖章）

附注：　　　　　　　名称：＿＿＿＿＿＿＿＿＿＿

　　××××年××月××日

【例文】

回复函

证明材料

×××××党支部：

　　我单位员工×××同志，男，汉族，××××年××月出生，××省××县人，大学本科文化，××××年参加工作，中共党员，高级工程师任职资格。现为我单位×××部门员工。

　　我单位员工×××同志，女，汉族，××××年××月出生，××省××县人，中专文化，××××年参加工作，工程师任职资格。现为我单位退休人员。

　　×××和×××同志政治素质好，拥护党的十一届三中全会以来的路线、方针和政策，热爱党、热爱社会主义。"文化大革命"期间年幼；1989年"政治风波"期间，在本单位上班，无任何不良行为；没有参加过"法轮功"等非法组织；没有参加其他宗教组织。在本单位工作期间，他们工作都认真负责，有强烈事业心和责任感；积极向上，为人正直。

特此证明

中共×××××支部委员会
××××年××月××日

六、政审报告

　　综合政审报告，也称"综合材料"，是党组织在调查、考核的基础上，对拟接收入党的同志作出全面评价的重要材料，也是党委审批拟接收入党的同志的重要依据之一。

　　1. 综合政审材料内容

　　（1）拟接收入党同志简历。

　　（2）拟接收入党同志现实表现。

　　（3）政审中提出的问题。要写清楚问题发生的时间、地点和主要情节；同时说明是本人交待的，还是被组织查处的，或别人检举的，组织上是否作出过结论或进行过处理。

（4）调查的结果。写明已调查清楚的问题，以及悬而未定的问题和疑点。

（5）结论和意见。经过查证结果综合分析后，认定查证问题的事实、性质、程度及拟接收入党同志本人认识，提出是否影响其入党的意见。

2. 写政审报告应注意的问题

（1）要注意平时材料的积累。

（2）要坚持实事求是的原则。

（3）结论要有证据。特别是关于本人、主要亲属的政治历史和现实表现，要有外调证实材料。

【例文】

关于×××同志综合政审报告

×××，男，汉族，××××年××月出生，××省××县人，家庭出身工人，本人成分学生，大学本科文化，××××年参加工作，工程师，现在×××矿×××作业区工作，任工程师。

×××同志××××年××月向党组织提出了入党申请。根据本人表现，经党支部委员会会议研究，××××年××月确定其为入党积极分子，并对其进行考察。在党组织的培育下，×××同志进步很快，××××年××月被列为发展对象。

我们党支部通过同本人谈话、查阅有关档案材料、函调、外调等方法，对×××同志的政治历史、家庭主要成员、主要社会关系进行了详细审查。经审查认为，该同志是在党的培养下成长起来的年轻技术干部，他拥护党的方针政策，热爱党，热爱社会主义，努力干好本职工作。"文化大革命"期间尚未出生，1989年"政治风波"期间年幼，没参加"法轮功"和其他非法组织，没有参加其他宗教组织和活动。自从向党组织递交入党申请书，认真学习党的基础理论知识，坚定马克思主义信仰、中国特色社会主义信念和共产主义理想。自觉用党员标准来要求自己，努力克服缺点，经常向党组织汇报自己的思想，接受党组织的批评教育和帮助。工作中，认真负责，踏实肯干，不计较个人得失，自觉服从组织安排，积极完成好党组织交给的各项任务，表现出强烈的事业心和责任感，所负责的××技术工作做到安全、平稳，为生产发挥了很大作用，取得了较好的成绩。

该同志的父亲×××，×××单位×××部门员工，中共党员，母亲×××，×××单位退休干部，政治面貌群众，均没有发现政治历史问题。妻子×××是×××单位员工，政治面貌群众，经查阅本人档案和调查了解，没有发现任何政治历史问题。岳父、岳母均系农民，原籍××省××县××乡××村，政治面貌均为群众，在历次政治运动中没发现任何历史问题。

该同志主要不足：工作有时有冲动情绪。

综上所述，×××同志政治历史清白，家庭成员及主要社会关系清楚，入党动机端正，政治表现较好，工作积极肯干，作风正派，团结同志。在广泛征求党内外群众意见基础上，经党支部委员会审议，一致认为该同志具备党员条件，可以讨论其入党问题，提交支部党员大会讨论。

中共××××支部委员会
××××年××月××日

七、党小组意见

包括四个部分：一是简单介绍政治状况；二是简单介绍工作情况；三是简单介绍思想作风情况；四是提出党小组意见建议。

【例文】

党小组意见

×××同志提出入党申请以来，思想上一直要求进步；将其列为入党积极分子后，能够认真学习党的基本理论，学习马克思列宁主义、毛泽东思想、邓小平理论、"三个代表"重要思想、科学发展观和习近平新时代中国特色社会主义思想，贯彻执行党的路线、方针和政策，在政治上、思想上、行动上和党中央保持一致。入党目的明确，动机端正，有为实现共产主义奋斗终身的决心。

该同志工作吃苦精神强，勤奋敬业，肯于奉献。他主动承担工作任务，无私奉献，较好地完成了各项工作任务，受到了领导和同志们的好评，多次被评为"矿先进个人"。

该同志生活朴素，作风正派，群众观念强，谦虚和谐，团结同志，能够开展批评和自我批评。存在的缺点是有时工作方法简单。

根据×××同志的要求和表现，经党小组讨论，认为该同志已基本具备党员条件，同意吸收其为中共预备党员，建议提交党支部委员会会议讨论。

第×党小组　　组长：
××××年××月××日

八、入党介绍人意见

入党介绍人意见，是党支部全部党员讨论发展对象是否具备党员条件和上级党委审批党员的重要依据。

入党介绍人意见一般应包括三方面意思：一是根据被介绍人政治思想、工作学习、作风纪律等方面的表现写出综合性的意见；二是指出被介绍人的不足及今后的努力方向；三是按党员标准全面衡量，表明对被介绍人能否入党的态度。

【例文】

入党介绍人意见

×××同志政治上积极要求进步，按期向党组织汇报个人思想，对党忠诚老实；学习上不断学习马克思列宁主义、毛泽东思想、邓小平理论、"三个代表"重要思想、科学发展观和习近平新时代中国特色社会主义思想；行动上认真执行党的路线、方针、政策，同党中央保持一致。他向党组织提出入党申请后，能按党员标准严格要求自己，努力改造世界观。他入党目的明确，动机端正，政治上比较成熟。他的主要缺点是性情急躁；希望今后加强个人修养。

我认为他已基本具备党员条件，愿意介绍他加入中国共产党。

入党介绍人：×××、×××
××××年××月××日

九、发展党员公示材料

实行发展党员公示制度是保障发展党员质量的一项新的举措。公示内容一

般包括支委会意见、发展对象的自然状况（包括姓名、性别、年龄、文化程度、现任职务、主要经历、申请入党时间）。吸收预备党员和预备党员转正都需要公示5天。公示结束后，吸收预备党员的要填写《发展党员公示情况登记表》，预备党员转正的要填写《预备党员转正公示情况登记表》，报党总支审查。公示一般通过张贴公告形式在发展对象的单位和工作场所公布。

【例文】

关于吸收×××同志为中共预备党员的公告（样式）

经党支部研究，拟吸收×××同志为中国共产党预备党员，现将其基本情况予以公示。在公示期间，欢迎广大党员、干部、群众通过信函、电话或直接到党支部或上级党委反映公示对象思想品质、现实表现、廉洁自律、培养教育等方面的情况。公示时间为5天。

姓　　名：　　　　性　　别：　　　　出生年月：

文化程度：　　　　政治面貌：

是否培训：

是否政审：

工作单位及职务：

申请入党时间：

列为入党积极分子时间：

受奖惩情况：

党支部联系电话：

中共×××支部委员会
××××年××月××日

【例文】

中共×××支部委员会发展党员公告情况登记表

姓　名		性　别		民　族		出生年月	
文化程度		政治面貌		籍　贯		申请入党时间	
列为入党积极分子时间				入党介绍人			
奖励（处分）情况							
时　间		名　称				奖励（处分）单位	
公示时间							
公示中反映的主要问题							
公示结论	支部委员会意见						
		中共　　　　支部委员会 　　　年　月　日					
	党委意见						
		中共　　　　支部委员会 　　　年　月　日					

【例文】
关于拟将×××同志转为中共正式党员的公告（样式）

经党支部研究，拟将×××同志转为中国共产党正式党员，现将其基本情况予以公示。在公示期间，欢迎广大党员、干部、群众通过信函、电话或直接到党支部或上级党委反映公示对象在预备期间思想品质、现实表现、廉洁自律等方面的情况。公示时间为5天。

姓　名：　　　性　别：　　　出生年月：
文化程度：
政治面貌：
工作单位及职务：
被批准为预备党员（延长预备期）时间：
预备期主要表现及受奖惩情况：
党支部联系电话：

中共×××支部委员会
××××年××月××日

【例文】

中共×××支部委员会预备党员转正公告情况登记表

姓 名		性 别		民 族		出生年月	
文化程度		政治面貌		籍 贯		申请入党时间	
批准为预备党员时间			入党介绍人				
奖励（处分）情况							
时 间		名 称				奖励（处分）单位	
公示时间							
公示中反映的主要问题 							
公示结论	支部委员会意见	 中共　　　　支部委员会 　　　年　月　日						
	党委意见	 中共　　　　支部委员会 　　　年　月　日						

十、接收预备党员的党员大会决议

支部党员大会接收预备党员的决议,是上级党组织审批党员的主要依据之一。支部党员大会决议的写法如下:

(1)标题。一般可写"关于接收×××同志为中共预备党员的决议",或"关于吸收×××同志为中共预备党员的决议",或"关于同意×××同志按期转为正式党员的决定。"入党志愿书上已有固定栏目,抄写时不必再写标题。

(2)正文。内容基本包括两个方面:一是支部党员大会对申请人的基本评价。二是支部党员大会表决情况。要写明支部党员数和会议实到党员数,其中有表决权的党员数,表决时同意、不同意和弃权的党员数,以及通过决议的日期等。

(3)署名和日期。正文下面要写上支部委员会的名称和年月日。党支部书记要在指定栏目内签名和盖章。

【例文】

关于吸收×××同志为中共预备党员的决议

×××同志于××××年××月向党组织提交入党申请。几年来,在党组织的帮助下,思想觉悟不断提高,坚决拥护和贯彻执行党的路线、方针政策,在思想上政治上行动上与党中央保持高度一致,对党忠诚老实、表里如一。该同志组织观念强,能定期向组织汇报思想和工作情况;工作认真负责、主动积极、业务能力较强,提出的合理建议为本单位增产节约作出了贡献;为人正直、谦虚谨慎。

该同志家庭历史及主要社会关系清楚,本人历史清白。

根据组织考察和本人表现,支部认为×××同志已基本具备党员条件。因此,于××××年××月××日召开了支部党员大会,讨论了×××同志入党问题。支部共有党员××名,实到会××名,超过应到会人数的一半,都有表决权。大会以投票方式表决,同意接收×××同志为中共预备党员的共××票。投票结果为一致同意×××同志为中共预备党员。

×××同志的缺点和不足：工作中稍有固执。

中共×××支部委员会

党支部书记（盖章）

××××年××月××日

十一、党支部接收预备党员的请示

支部党员大会通过接收预备党员的决议后，要向上级党委写出请示。请示的写法是：

（1）标题。一般写《关于接收×××同志为中共预备党员的请示》。

（2）报送单位。写清请示的报送对象，如"×××××党委组织部""×××机关党委"等。

（3）正文。首先，报告何年何月何日召开的支部党员大会，讨论何人入党；其次，报告接收对象的自然情况、主要经历；再次，报告对接收对象的政治审查情况，介绍其现实表现，表明支部接收其为预备党员的意见和支部党员大会票决结果；最后，由支部书记签名盖章，下面写上年月日。

【例文】

关于吸收×××同志为中共预备党员的请示

×××××党委组织部：

××××年××月××日，我支部召开党员大会，讨论了接收×××同志为中共预备党员的问题，现将有关情况报告如下：

×××，男，××××年××月××日出生，汉族，××省××县人，家庭出身教师，本人成分学生，大学本科文化，现任×××公司××××矿××××作业区工程师。

×××简历（略）。

×××同志于××××年××月向党组织提出入党申请。几年来，在党组织的帮助下，思想觉悟不断提高，坚决拥护和贯彻执行党的路线、方针和政策，在思想上、政治上、行动上与党中央保持高度一致，对党忠诚老实、表里如一。该同志组织观念强，能定期向组织汇报思想和工作情况；工作认真负责、主动积极、业务能力较强，提出的合理建议为本单位增产节约作出了贡献；为人正直、谦虚谨慎。

该同志家庭历史及主要社会关系清楚，本人历史清白。

根据组织考察和本人表现，支部认为×××同志已基本具备党员条件。因此，于××××年××月××日召开了支部党员大会，讨论了×××同志入党问题。支部共有党员××名，实到会××名，超过应到会人数的一半，都有表决权。大会以票决方式投票表决，同意接收×××同志为中共预备党员的共××票。投票结果为一致同意×××同志为中共预备党员。

妥否，请批复。

中共×××××××支部委员会

党支部书记（盖章）

××××年××月××日

十二、考察谈话意见

谈话人要把谈话意见填写在《中国共产党入党志愿书》规定的栏目中，格式如下：

（1）对入党申请人的基本评价。如申请人动机是否端正，是否具有为共产主义事业奋斗终身的决心；是否理解和掌握党的基本知识，对党认识如何；在重大政治事件中的表现和党的十一届三中全会以来的表现情况，能否在思想上、政治上、行动上同党中央保持一致；在生产经营、学习中的表现情况，能否在生产建设中积极作贡献；能否做到全心全意为人民服务，真正在思想上入党；是否具有共产主义道德品质、修养；存在的主要缺点，都要如实整理出来。

（2）要写明申请人是否具备了共产党员的标准，是否符合入党条件，以及入党手续是否完备，要明确写上是否同意其入党的意见。

（3）谈话人签名盖章，注明年月日。

【例文】

上级党组织指派专人进行谈话情况和对申请人入党的意见

在审阅×××同志入党材料和听取党内外群众意见的基础上，通过与其谈话，我认为该同志能够认真学习马克思列宁主义、毛泽东思想、邓小平理论、"三个代表"重要思想、科学发展观和习近平新时代中国特色社会主义思想；学习党的基本知识，拥护党的各项方针政策；本人政治历史清楚，其直系亲属和主要社会关系均无政治历史问题。通过谈话了解，该同志能向党组织表达真实思想，对党忠诚，入党动机端正，态度明确，有较高的思想觉悟，政治信仰坚定；对党的基本知识有一定了解，但还不够熟悉；工作热情较高，工作能力较强，在我单位各项工作尤其是重点、难点工作中，能以身作则走在前头。担任××以来，工作更加积极主动，所负责的各项工作都名列前茅，多次受到上级表扬，在干部和群众中有较高威信。该同志的不足之处是：工作方法有时比较简单，处理问题有时比较急躁。

该同志符合入党条件，入党材料齐全，手续完备，同意吸收该同志为中共预备党员，建议党委讨论审批。

谈话人×××（盖章）
××××年××月××日

十三、预备党员按期转正的决议

预备党员按期转正的决议主要反映两个方面的情况：一是预备党员的现实表现情况；二是支部大会党员的票决情况。

【例文】

关于同意×××同志按期转为正式党员的决议

×××同志在预备党员期间，以共产党员的标准来严格要求自己，不断加强党性修养，思想进步，政治过硬，工作积极，能按时交纳党费，参加组织生活，组织纪律观念强，党内外群众反映较好。

××××年××月××日，×××党支部召开支部党员大会，对×××

同志预备党员转正事宜进行了讨论。大会应到正式党员××人、实到××人，有表决权××人。采取无记名投票方式表决，××名党员一致同意×××同志按期转为中共正式党员。

中共×××××××支部委员会

党支部负责人（盖章）

××××年××月××日

十四、《中国共产党入党志愿书》填写方法

填写《中国共产党入党志愿书》的一般要求是：

（1）"姓名""曾用名"应按使用顺序填写。

（2）"出生年月"。应填写公历时间。

（3）"贴照片处"。要贴本人近期一寸免冠照片。

（4）"籍贯"。是指本人祖居的地方，按现在行政区划填写。如祖居与出生地不一致时，一般按其父的籍贯填写。

（5）"家庭出身"。是指本人取得独立经济地位或参加工作的家庭阶级成分。凡是随其父母长大的，其家庭出生应按其父母的职业来定，如：干部、军人、农民等。

（6）"本人成分"。是指一个人参加工作之前的社会职业。如参加工作前本人社会职业变动较多，一般应以紧靠参加工作时的情况填写。

（7）"文化程度"。是指现有文化程度。按学历填写的要写明毕业或肄业，如"小学毕业""大专毕业"或"高中肄业""大学肄业"等。

（8）"现任职务"。是指一个人实际担任的职务。如"科长""主任"等。没有领导职务的干部、工人等只填个人职业，或专业技术职称。如"采气工""助理工程师"等。

（9）"入党志愿"。见后。

（10）"本人经历"。包括个人的学习和工作经历。一般应从上小学一年级开始算起，根据本人不同时期所从事的职业分段填写，并应填上所任职务和对填写人这段经历最熟悉的证明人。

（11）"奖励或处分"。奖励一般是经过一个单位或上级领导机关批准的表彰和奖励，填表时要把何时何地因何原因受过何种奖励等情况写清楚；处分是指有批准权限的领导机关，按照党纪、团纪、政纪和国法所作的组织处理或刑事判决，受批评教育的不算处分。

（12）"家庭主要成员的职业和政治情况"。把政治审查对象中家庭主要成员填上，如父母、配偶和子女，以及和本人长期在一起生活的曾受其抚养或本人供养的其他亲属如祖父母、兄弟姐妹等。"职业和政治情况"是指上述成员现在何地、何部门、做何工作或担任何职务，参加了什么党派或群众团体，有无重大政治和历史问题。

（13）"主要社会关系的职业和政治情况"。把政治审查对象中主要社会关系填上，如岳父母、公婆、伯叔姑姨舅和分居的兄弟姐妹等；"职业和政治情况"同上。

（14）"对党还有哪些需要说明的问题"。这一项没有特别的要求，凡是申请人认为表格中各项没有包括进去或没有表达清楚的问题，又需要向党组织说明的，都可以填写。

（15）"入党介绍人的意见"。见后。

（16）"支部党员大会通过接收申请人为预备党员的决议"。见后面。

（17）"总支部审查意见"。有总支部的填此栏，没有总支部的此栏不填写。

（18）"党委审批意见"。填写审批意见时，应当写清批准或未批准的理由，写清党委表决的情况。如批准为预备党员，则应注明预备期从某年某月某日算起。

（19）"备考"。主要填写表中其他没有包括而又应说明的问题。如自动退党、脱党、劝退等。

【例文】

中国共产党
入党志愿书

申请人姓名 张 三

说 明

一、申请人填写入党志愿书要严肃、认真、忠实。填写前，党支部负责人或入党介绍人应将表内项目向申请人解释清楚。

二、填写入党志愿书须使用钢笔、签字笔或毛笔，并使用黑色或蓝黑色墨水。字迹要清晰、工整。表内的年、月、日一律用公历和阿拉伯数字。表内栏目没有内容填写时，应注明"无"。个别栏目填写不下时，可加附页。

三、在上级党组织批准预备党员转为正式党员后，应及时将入党志愿书存入本人档案，没有档案的，由基层党委保存。

誓 词

我志愿加入中国共产党，拥护党的纲领，遵守党的章程，履行党员义务，执行党的决定，严守党的纪律，保守党的秘密，对党忠诚，积极工作，为共产主义奋斗终身，随时准备为党和人民牺牲一切，永不叛党。

国有企业党支部工作实务

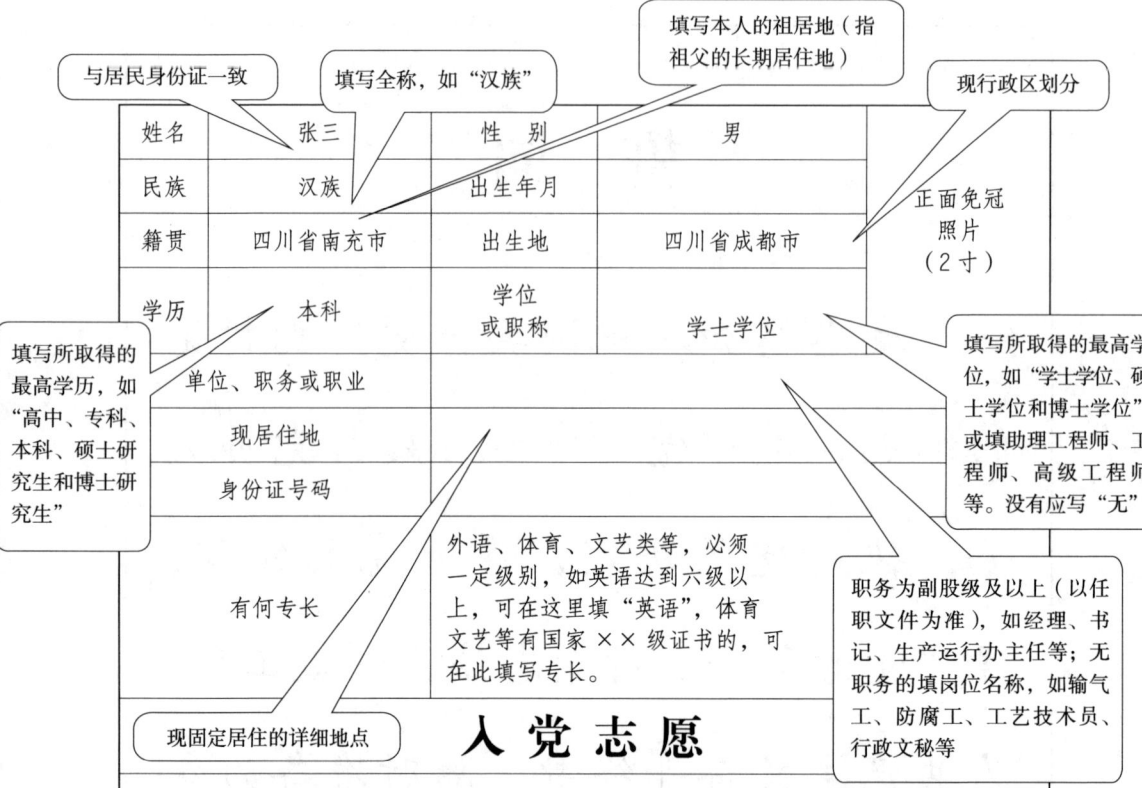

注："入党志愿"着重填写本人对党的认识、思想发展过程和对入党问题的态度。

一、主要内容

    1. 入党的态度。一般第一段要明确写出自己对入党的态度——"我志愿加入中国共产党"。

    2. 对党的认识。主要包括如何认识党的性质、党的纲领和章程，如何认识党的历史，如何认识党的领导和党的路线、方针和政策等。

    3. 入党动机、目的。即为什么要入党。

    4. 当前自身存在的优缺点，以及如何发扬优点、克服缺点的决心和措施。

    5. 入党的决心。在入党志愿书中要表明自己有不被接受的思想准备、进一步努力的打算和入党后的态度、决心等。

二、注意事项

    1. 入党志愿书与入党申请书不同，入党志愿书是党组织经过系统培养、教育和考察后，自己的思想和认识更加成熟后书写的。因此，在志愿书中一般应围绕上述五个方面进行全面阐述。

    2. 填写入党志愿与填写入党申请书不同，不要标题、称呼、落款和日期，即直接在"入党志愿"栏中写入正文。

    3. "入党志愿"栏不够填写时，可加附纸（规格与本栏一致），也不可太少，要每栏中都有内容。

—1—

第三章　发展党员

例：

> 入党的态度，是必写内容

> 对党的认识

　　我志愿加入中国共产党，愿意为共产主义事业奋斗终身。
　　中国共产党是中国工人阶级的先锋队，同时是中国人民和中华民族的先锋队；是中国特色社会主义事业的领导核心，代表中国先进生产力的发展要求，代表中国先进文化的前进方向，代表中国最广大人民的根本利益。党的最高理想和最终目标是实现共产主义。我们党是以马克思列宁主义、毛泽东思想、邓小平理论、"三个代表重要思想"、科学发展观和习近平新时代中国特色社会主义思想为行动指南。（要写好自己如何认识党的性质、党的纲领和章程，如何认识党的历史，如何认识党的领导和党的路线、方针和政策等。）

> 入党动机、目的

　　我之所以要加入中国共产党，是因为只有党，才能够教育我们坚持共产主义道路，坚持一切从人民群众的利益出发，掌握先进的社会、科技、文化本领；是因为只有党，才能引导我们走向正确的发展道路，建设更快、更好、更先进的文化；所以我要全身心地投入共产主义的事业中，为中国的胜利腾飞，为中华民族的伟大复兴出一份微薄而坚强的力量。

　　长期以来，我积极向党组织靠拢，坚持学习党的理论知识和实践经验，思想上有了极大进步。多年来党对我孜孜不倦的教育，使我认识到：没有共产党，就没有新中国，只有共产党，才能建设社会主义新中国。几十年的社会主义建设和实践证明，中国共产党能够进行自我革命，领导中国人民不断向新生活迈进，不愧为一个伟大、光荣、正确的党。

—2—

> 当前自身存在的优缺点及如何发扬优点、克服缺点的决心和措施

我在自己的本职工作中踏实肯干，努力学习，起到了技术骨干的作用。××××××××此外，我作为工会委员，积极参与组织策划工会活动。××××××××，也取得了不小的成绩。在发现自己有一些优点的同时，我还经常作自我批评，发现自己的缺点。一是政治理论学习欠缺，理论与实际脱节。只注重表面学习，没能准确把握马克思列宁主义、毛泽东思想和中国特色社会主义理论的深刻内涵和精神实质，忽视了理论对实际工作的指导作用，导致理论学习与实际工作脱节，对待理论学习，只满足于片面地引用个别原理，而不能有效地与实际工作紧密结合起来。二是遇到事情总想要自己一个人去解决，没有经常和他人沟通，寻求帮助，也因此给自己或他人带来了或多或少的麻烦，有待改正。因此，在今后的学习与生活中我会时刻向先进的党员同志看齐，争取早日入党。

> 入党的决心

我志愿加入中国共产党，要在党的组织内，认真学习马克思列宁主义、毛泽东思想、邓小平理论、"三个代表"重要思想、科学发展观和习近平新时代中国特色社会主义思想，以及党的基本路线、理论方针政策，不断提高自己的思想政治觉悟；学习科学、文化和业务知识，掌握一流的工作技巧，用业绩证明一切。我要严格地用共产党员的标准来要求自己。我一定刻苦钻研，努力拼搏，争取在思想和组织上入党，争做优秀的共产党员。如果组织没有接受我的请求，我也不会气馁，我会继续为之奋斗，争取早日成为一名共产党员。

> 表明自己有不被接受的思想准备、进一步努力的打算和入党后的态度、决心等

本人经历（包括学历）			
自何年何月	至何年何月	在何地、何单位、任何职	证明人
××××年××月	××××年××月	四川省成都市×××××小学 学生	×××
××××年××月	××××年××月	四川省成都市×××××中学 中学生	×××
××××年××月	××××年××月	成都电子科技大学 大学生	×××
××××年××月	××××年××月	中国石油西南油气田公司××××（单位）助理工程师	×××
××××年××月	××××年××月	中国石油西南油气田公司×××矿 ×××作业区 工程师	×××

—4—

何时何地加入中国共产主义青年团	（"何时"应填写年月，"何地"应填写到学习或工作单位，没有应写"无"。） ××××年××月在××××××××加入中国共产主义青年团
何时何地参加过何种民主党派或工商联，任何职务	（"何时"应填写年月，"何地"应填写到学习或工作单位，没有应写"无"。） 无
何时何地参加过何种反动组织或封建迷信组织，任何职务，有何活动，以及有何其他政治历史问题，结论如何	（"何时"应填写年月，"何地"应填写到学习或工作单位，没有应写"无"。） 无
何时何地因何原因受过何种奖励	（"何时"应填写年，"何地"应填写到学习或工作单位，要写明受奖励的时间、经何单位批准、获奖名称、享受待遇等。没有应写"无"。）
何时何地因何原因受过何种处分	（"何时"应填写年月，"何地"应填写到学习或工作单位或乡镇，要写明受处分的时间、被何单位处分、处分原因及类型等。没有应写"无"。） 无

第三章　发展党员

> 没有应写"未婚"（或"离异""丧偶"）

> 应填"中共党员""农工党员""民革会员""共青团员"。

家庭主要成员	配偶	姓名		杨××		民族	汉族	出生年月	1980年2月
		籍贯		（填写要求同上）		学历		（填写要求同上）	
		参加工作时间		（填写至年）		政治面貌		中共党员	
		单位、职务或职业			（填写要求同上）				
	其他成员	关系	姓名	出生年月		政治面貌	单位、职务或职业		
		父亲	×××	××××年××月		中共党员	××××××××（单位）		
		母亲	×××	××××年××月		群众	××××××（单位）退休		
		女儿	×××	××××年××月		群众	×××××××××小学读书		
主要社会关系情况									

> 父母、子女等情况

> 应填："中共党员""农工党员""民革会员""共青团员"或"群众"

> 填写兄弟姐妹、伯、叔、姑、舅、姨等情况，人员较多的，填满此表即可，不续页

需要向党组织说明的问题	（还没有结论的问题或者需要向组织交代的问题，比如家庭成员中有被刑事处罚的人的情况，如果没有上述情况，就写"无"） 无

本人签名或盖章×××　　　　　　××××年××月××日

入党介绍人意见	填写介绍人了解和掌握的申请人的入党动机、思想品质、现实表现等情况，对是否同意其入党表明态度。介绍人要认真负责地填写自己的意见 　　张三同志对党的认识深刻，入党动机端正，在思想上、政治上、行动上都能同党中央保持高度一致。工作认真负责，勤学肯干，业务能力强；团结同志，作风严谨，乐于助人，群众基础好。我认为张三同志已具备成为共产党员条件，我愿意介绍张三同志加入中国共产党，并对组织负责。 介绍人单位、职务或职业 县处级单位××××作业区　副经理 签名或盖章 ×××　　　××××年××月××日
	（同上） 介绍人单位、职务或职业＿＿＿＿＿＿＿＿＿＿＿ 签名或盖章＿＿＿＿＿＿＿＿＿　　年　月　日

—8—

支部大会通过接收申请人为预备党员的决议

注：决议内容应简要说明入党申请人的主要表现和主要优缺点，政审、公示结论，会议时间，等等

　　张三同志拥护党的路线、方针、政策，入党动机端正，能不断加强学习，提高政治素质，在大是大非面前旗帜鲜明，立场坚定；业务能力强，认真负责，本职工作出色，作风过硬；团结同志，严于律己，组织观念强，党内外群众反映较好；本人及家庭主要成员政治经历清楚，公示无异议。

　　×××党支部于××××年××月××日召开支部党员大会，应到党员××人，实到××人，有表决权××人。采取无记名投票方式表决，××名党员一致同意接收张三同志为中共预备党员。

此处盖支部公章

支部名称　　　　　　　　　　　　　　　　支部书记签名或盖章×××
　　　　　　　　　　　　　　　　　　　　××××年××月××日

上级党组织指派专人进行谈话情况和对申请人入党的意见

　　（填写处党委委员或者组织员通过谈话了解到的申请人入党动机是否端正，对党的基本知识是否了解，入党手续是否符合规定，入党材料是否齐全，谈话人对申请人是否具备党员条件和是否同意其入党的意见等内容）

谈话人单位、职务或职业＿＿＿＿＿＿＿＿＿＿＿＿＿＿＿＿＿＿

签名或盖章＿＿＿＿＿＿＿＿　　　　　　　＿＿＿年＿＿＿月＿＿＿日

—9—

第三章　发展党员

> 决议内容应简要说明入党申请人的主要表现和主要优缺点，会议时间、参加大会具有表决权的正式党员数、讨论的情况、采取的表决方式、表决结果等

总支部审查（审批）意见

（党总支意见）
　　例：××××年××月××日召开党总支委会会议研究讨论，与会5名同志一致认为，×××同志已具备党员条件，同意将该同志发展为中共预备党员。

（此处盖党总支章）

总支部名称　　　　　　　　　　　　　　　　总支部书记签名或盖章×××
　　　　　　　　　　　　　　　　　　　　　　××××年××月××日

基层党委审批意见

　　（填写县处级党委是否同意接收申请人为预备党员。同意接收申请人为预备党员的注明预备期从何年何月何日起至何年何月何日止）
　　例：经处党委××××年××月××日集体研究，同意接收×××同志为中共预备党员。预备期一年，自××××年××月××日起至××××年××月××日止。

（此处盖处级党委章）

基层党委盖章　　　　　　　　　　　　　　　党委书记签名或盖章×××
　　　　　　　　　　　　　　　　　　　　　　××××年××月××日

—10—

国有企业党支部工作实务

> 填写预备党员在预备期间的思想、学习、工作等方面的表现情况，指出其存在的缺点和今后努力的方向，写明支部党员大会表决的情况（要具体写明参加人数、表决通过情况等）

支部大会通过预备党员能否转为正式党员的决议

张三同志在预备党员期间，以共产党员的标准严格要求自己，不断加强党性修养，思想进步，政治过硬，工作积极，能按时交纳党费，参加组织生活，组织纪律观念强，党内外群众反映较好。

××××年××月××日，××××××党支部召开支部党员大会，对张三同志预备党员转正事宜进行讨论。大会应到正式党员××人、实到××人，有表决权××人。采取无记名投票方式表决，××名党员一致同意张三同志按期转为中共正式党员。

支部名称　　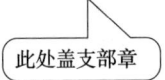（此处盖支部章）　　　　支部书记签名或盖章×××
　　　　　　　　　　　　　　　　　　　　　　　××××年××月××日

总支部审查（审批）意见

（党总支意见）
例：××××年××月××日召开党总支委会会议研究讨论，与会5名同志一致同意张三同志按期转为中共正式党员。

　　　　　　此处盖党总支章
总支部名称　　　　　　　　　　　　　　总支部书记签名或盖章×××
　　　　　　　　　　　　　　　　　　　　××××年××月××日

基层党委审批意见

经处党委会研究，同意（批准）×××同志按期转为中共正式党员，党龄从预备期满之日算起。

　　　　　　此处盖处级党委章
基层党委盖章　　　　　　　　　　　　　党委书记签名或盖章×××
　　　　　　　　　　　　　　　　　　　　××××年××月××日

—11—

第三章　发展党员

支部大会通过延长预备期的党员能否转为正式党员的决议
总支部名称　（此处盖党总支章）　　　　总支部书记签名或盖章××× 　　　　　　　　　　　　　　　　　　　　××××年××月××日
总支部审查（审批）意见
总支部名称　（此处盖党总支章）　　　　总支部书记签名或盖章××× 　　　　　　　　　　　　　　　　　　　　××××年××月××日
基层党委审批意见
基层党委盖章　（此处盖处级党委章）　　党委书记签名或盖章××× 　　　　　　　　　　　　　　　　　　　　××××年××月××日

—12—

第四章　换届选举

第一节　党支部换届选举的重要意义

党支部换届选举的基本原则、内容、方式和办法，集中体现于党章和《中国共产党支部工作条例（试行）》《关于新形势下党内政治生活的若干准则》《中国共产党地方组织选举工作条例》《中国共产党基层组织选举工作条例》之中。

党支部的换届选举，是党的民主集中制的重要体现，是由党章和有关党内法规规定的选举产生党支部领导成员的制度规范，是保证集体领导和支部成员权威的重要方法，是实现党员决定和管理党内事务的重要方法，更是体现选举人意志的重要方式。

第二节　党支部换届选举的组织与领导

一般情况下，在新一届支部委员会产生之前，党支部换届选举的组织和领导工作由上届党支部委员会及其成员负责，党支部书记主持工作并全面负责。党支部在换届选举过程中需要处理好以下几个问题：

第一，党支部召开党员大会进行换届选举，不排列届数，也不计算次数。

第二，选举党支部委员会不采取举手表决的方式。根据《中国共产党基层组织选举工作条例》规定，选举一律采用无记名投票的方式。因此，采取该规定以外的任何方式选举支部委员会都是错误的。

第三，党支部换届时，上级党组织不必派人主持党员大会。按照规定，支部委员会换届时，应由上届支部委员会主持会议。不设支部委员会的由上届支部书记主持。一般情况下，上级党组织不必派人主持选举。但在选举之前，党支部应将筹备工作、人选酝酿情况向上级党组织汇报，书记和副书记候选人预备人选要及时上报党组织审批。当然，如果上级党组织认为有必要，也可派人指导所辖党支部的选举工作。

第四，上级党组织指派的支部书记落选问题。对上级党组织指派的支部书记，如果党员不够了解，在选举前应向党员作详细情况介绍。如果正式选举时上级党组织指派的支部书记不能当选，则其支部书记的职务自然解除，应当由新当选的支部书记主持支部工作。

第五，上届支部书记又被选进支部委员会的，不是当然的支部书记。上届支部书记再次被选进支部委员会后，能否继续担任支部书记的职务，要由全体委员选举并经上级党组织批准确定。可能连任，也可能由选举出的更为合适的同志担任支部书记。

第六，在选举中违反党章和选举条例时的处分规定。在选举中，凡有违反党章和《中国共产党基层组织选举工作条例》规定行为的，必须认真查处，根据问题的性质和情节轻重，给予有关党组织、党员批评教育，直至给予组织处理。

第三节　党支部换届选举时间规定

《中国共产党支部工作条例（试行）》规定，社区党支部委员会每届任期5年，其他基层单位党支部委员会一般每届任期3年；党支部委员会由党支部党员大会选举产生，党支部书记、副书记一般由党支部委员会会议选举产生，不设委员会的党支部书记、副书记由党支部党员大会选举产生；选出的党支部委员，报上级党组织备案；选出的党支部书记、副书记，报上级党组织批准。

建立健全党支部按期换届提醒督促机制。根据党组织隶属关系和干部管理权限，上级党组织对任期届满的党支部，一般提前6个月以发函或者电话通知等形式，提醒党支部做好换届准备。对需要延期或者提前换届的，应当认真审核、从严把关，延长或者提前期限一般不超过1年。

第四节　党支部换届选举遵循的原则

第一，按期换届的原则。党支部要严格按照党章规定，按期召开党员大会，按期改选支部委员会。如果党员大会不能按期召开，支部委员会不能按期改选，党员的民主权利就无法行使。

第二，民主推选候选人的原则。支部委员会候选人应由全体党员充分酝酿讨论提出。由上届支部委员会酝酿的候选人应根据多数党员酝酿的意见确定。不能由上级或某个人指定候选人。不设委员会的党支部书记、副书记的产生，由全体党员充分酝酿，提出候选人，报上级党组织审查批准同意后进行选举。

第三，充分体现选举人意志的原则。党章规定，党的各级代表大会的代表和委员的产生，要体现选举人意志。选举人有了解候选人的情况、要求改变候选人、不选任何一个候选人和另选他人的权利。这是党内选举必须遵循的一个原则。党的任何组织和个人都不得以任何方式强迫选举人选举或不选举某个人。选举全过程都应当始终尊重和体现选举人意志。

第四，无记名投票表决的原则。无记名投票，是指选举人在选举时不公开署名的投票方法。采用无记名投票方式进行表决时，选举人可以不受候选人在场的影响，充分体现选举人意志；可以使每个选举人自由地、充分地行使自己的权利，防止个别领导人对不赞成自己的人进行打击报复；可以进一步激发选举人的主人翁责任感，以庄重的态度行使自己的权利，从而保证选举的准确性。

第五节　党支部换届选举工作

党支部换届选举工作千头万绪，但总体上可分为三个工作阶段，即筹备阶段、实施阶段和后续阶段。党支部根据这三个不同阶段的工作内容来安排布置工作，做到有条不紊，顺利完成换届选举工作。党支部换届选举至少要完成三项任务，第一是选举出新的委员会；第二是向党员大会报告支部工作；第三是报告党费收缴和使用情况。

一、筹备阶段

筹备阶段是党支部换届选举的准备阶段，有7项工作需要落实。

（1）与上级党组织汇报。根据换届到期的时间，一般情况下，党支部书记需提前4个月，同有直接管理权限（如党总支、科、处级单位党委）的上级党组织和党组织负责人汇报，征求上级党组织和党组织负责人意见，提出本支部换届选举的时间，征得上级党组织的同意。有特殊情况的，如换届期间可能对党支部班子进行调整或者有主要成员变动等，支部的换届可以延期或者提前。延长或者提前期限一般不超过1年。延期或者提前都需要向上级党组织提出书面请示，取得上级党组织批准同意。

（2）召开支委会会议作出换届决定。召开支委会会议，研究确定召开换届选举的党员大会的具体时间、指导思想、主要任务、会议议程等；同时，研究确定下届支部委员会组成名额、候选人预备人选名额、任职条件、选举办法等；还要作出召开党员大会的决议。

党支部委员会成员名额一般是根据党员人数和工作需要来确定的。党员人数不足7人的支部，不设支部委员会，设书记1名，必要时可设副书记1名。党员人数在7人以上的支部，设支部委员会，委员3到5名，最多不超过7名。支部委员会的人数应为单数，以利于更好地实行民主集中制。

（3）起草党支部工作报告。向党员大会报告支部工作是换届选举工作的一项重要内容。同时，支部委员会还要起草党费收缴和使用情况的报告。

党支部工作报告至少包括三个部分内容：一是回顾和总结过去的工作，不仅包括党支部的工作，还包括本单位的生产经营科研等工作，做了哪些工作，取得了哪些成绩，还存在什么问题等；二是提出今后一个时期的工作安排和各项具体任务目标，既包括党支部的工作安排和任务目标，又包括生产经营科研工作安排和任务目标；三是号召广大党员和群众紧密团结，为完成党和本单位的目标而奋斗。起草工作报告应注意四点：一是有明确的指导思想；二是要突出单位的生产经营科研工作；三是要结合本单位特点特色；四是要充分听取各方面意见。报告起草后要经过支部委员会成员讨论，并通过座谈会或其他方式广泛征求党员和群众意见。

（4）搞好宣传教育工作。选举前，通过党组织的活动、会议等方式，向支部党员讲清楚换届选举的意义、要求、做法，委员名额和候选人的基本条件要求，如何保障党员民主权利，体现党内民主，贯彻民主集中制原则，以及委员应尽的义务等。让党员认识选举工作的重要性，重视选举、认真选举，在选举中履行好权利和义务，发挥好自己的作用，体现出党员的主体地位。

（5）讨论酝酿候选人。选举出新的委员是换届选举工作中最重要的工作之一，委员候选人的产生又是关系到选举是否成功的关键，所以，应该予以高度重视。

支部委员候选人的差额不少于应选人数的20%。比如，支部委员名额为5名，按照差额为应选人数20%的算法，至少应该确定6名候选人。

党章规定：党的各级代表大会的代表和委员会的产生，要体现选举人的意志；选举采用无记名投票方式；候选人名单要经过党组织和选举人充分酝酿讨论。所以，候选人的产生须按照"两下两上、上下结合、酝酿推荐、研究确定"原则进行操作。总体步骤是：党员—支部—党员—支部。根据换届选举工作进度的不同，一般将委员候选人分为候选人初步人选的产生、候选人预备人选的产生和候选人的确定三个阶段。

筹备阶段期间，党支部须通过一定程序产生"人选"问题。"人选"是指支部委员会委员的候选人初步人选和候选人预备人选。预备人选名单须报上级党组织批准。并在党员大会正式选举前，组织党员对"候选人建议名单"进行酝酿讨论、大会表决通过后，确定为候选人再提交党员大会选举。

初步人选的产生。支部酝酿提出下届委员候选人条件、组成名额和人选名单意见后（含差额），交党小组组织党员酝酿讨论推荐，由党员提出初步人选名单。无党小组的由支部组织党员酝酿讨论推荐提出初步人选名单。

预备人选的产生。支部集中各党小组党员推荐提名的人选名单，根据多数党员意见确定人选范围后，再交党小组征求党员的意见。集中征求的意见由支部研究确定预备人选名单。

党组织与党员对初步人选推荐名单的认同程度是委员选举成功的关键，需要认真细致工作。

（6）向上级党组织呈报请示。预备人选确定以后，需要给上级党组织呈报《关于召开中国共产党×××支部委员会党员大会暨候选人预备人选的请示》。内容包括党支部换届选举的党员大会具体时间、地点；候选人预备人选名单和产生的方法，建议的党支部书记、副书记预备人选名单等。在召开党员大会前的一个月报上级党组织批准。上级党组织应该在召开党员大会之前讨论研究和批复。

（7）党员大会前的最后准备。在召开支部换届选举的党员大会前夕，应召开一次支委会会议，主要内容是审议通过选举办法（草案）、党支部工作报告、党费收缴使用报告、大会议程；推选监票人，明确计票人；宣读上级党组织对候选人预备人选名单的批复；听取筹备工作情况汇报，督促会场布置、票箱准备、选票制作、安全管理、以及通知参会人员等事项的落实。

二、实施阶段

实施阶段主要是指支部召开党员大会实施选举工作。党员大会由委员会主持。支部委员会通常应确定一名负责同志具体主持会议的选举。不设委员会的党支部进行选举时，由支部书记主持。

通常工作的主要程序如下：

（1）清点到会党员人数。大会主持人向大会报告应参加大会的党员人数和实际参加大会的党员人数。到会的有选举权的党员人数符合规定人数（即应参加大会的党员人数的4/5）后，即可进行选举。

（2）酝酿讨论候选人建议名单，大会表决通过建议名单。

（3）通过选举办法。

（4）推选（通过）监票人，宣布计票人。

（5）宣布下届委员会委员名额和候选人名单。

（6）监票人当场检查票箱，计票人分发选票。大会主持人说明填写选票注意事项。

（7）选举人填写选票，并按指定顺序投票。

（8）监票人、计票人清点选票，确认选举是否有效。

（9）计票人在监票人监督下计票。

（10）计票结束后，监票人向大会报告被选举人得票情况，并由大会主持人向大会宣布当选人名单。

三、后续阶段

后续阶段主要有三项工作。

第一，新一届支部委员会产生后，召开支部委员会会议，由上届委员会推荐1名新当选的委员主持会议，等额选举书记、副书记。书记、副书记选举出来以后，由书记主持，支部委员进行协商分工。

第二，将党员大会的选举结果和书记、副书记的选举结果，报有党组织管理权限或干部管理权限的上级党组织审批。

第三，上级党组织批复选举结果后，召开党员大会，宣布新一届委员会成员和书记的组成名单，以及委员会成员的分工。

第六节　党支部换届选举党员大会议程实例

中国共产党××××××支部委员会换届选举党员大会议程

（1）清点到会党员人数。确认符合规定人数。

（2）宣布大会开始，奏（唱）《中华人民共和国国歌》。

（3）通过党员大会议程。

（4）上届党支部委员会负责人向党员大会报告工作（以书面形式公布党费收缴、使用情况）。

（5）（分组讨论）审议工作报告、酝酿候选人建议名单、讨论大会选举办法（草案）、推选监票人、指定计票人。

（6）（继续开会）清点人数并报告到会党员人数符合规定。

（7）通过大会选举办法（草案）和监票人、计票人名单，宣布和介绍新一届党支部委员会委员候选人建议名单。大会表决通过建议名单。

（8）正式选举（监票人检查票箱，计票人分发选票，主持人说明填写选票注意事项，选举人填写选票、投票，当场清点票数、计票）。

（9）计票结束后，监票人向大会报告被选举人得票情况，并由大会主持人向大会宣布当选人名单。

（10）通过大会工作报告。

（11）宣布大会结束，奏《国际歌》。

第七节　党支部换届选举工作中需注意的问题

一、在什么情况下党支部可以延期或提前进行换届选举

《中国共产党基层组织选举工作条例》规定，党的基层组织设立的委员会任期届满应按期进行换届选举；有特殊情况的，经上级党组织批准，可以延期或提前；延长期限一般不超过一年。这里所讲的特殊情况主要是指，遇到某些突发性事件或自然灾害等，党支部必须全力以赴去处理的；任期届满时，正好需要集中一段时间完成某项紧迫任务的；发现党的组织有严重问题需要进行整顿的，等等。此外，由于生产经营任务，党员外出较多，召开党员大会达不到规定人数，经上级党组织批准，也可将党员大会适当提前或推迟到党员能相对集中的时候召开。

二、党内选举中，无选举权和被选举权的人员

《中国共产党基层组织选举工作条例》规定，正式党员有表决权、选举权、被选举权。受留党察看处分的党员在留党察看期间没有表决权、选举权和被选举权；预备党员没有表决权、选举权和被选举权。党员被依法留置、逮捕的，党组织应当按照管理权限中止其表决权、选举权和被选举权等党员权利。

三、党支部换届选举中"初步人选""预备人选""候选人"的关系

"初步人选""预备人选""候选人"是换届选举中不同阶段产生出的委员人选，是工作的递进关系。

"初步人选"，就是在讨论酝酿中产生的最初始提名的委员人选。初步人选是在"两下两上"中的第一次"下"时，召集党员讨论酝酿提出初步的委员人选名单。这是尊重党员的权利的过程。为了保证意见相对集中，之前要开展教育工作，让党员懂得提名原则和基本要求。这样做体现党章赋予党员的权利，也是对党员主体地位的尊重。

"预备人选"是党支部根据党员酝酿推荐比较集中的人员，结合党组织意见，对"人选"研究确定后，将人员名单第二次"下"去征求党员意见，党员对初步人选的意见比较集中后，党支部研究确定为"候选人预备人选"。

"候选人"是在党员大会正式选举之前，将上级党组织审批同意的候选人预备人选提交给参加大会的党员酝酿讨论，根据多数党员意见确定为候选人，由党员大会进行选举。

四、党支部换届选举的党员大会进行选举时，有5种情况可以不计入应到会人数

《中国共产党基层组织选举工作条例》规定，进行选举时，有选举权的到会人数超过应到会人数的五分之四，会议有效。做这样的规定是为了尊重和保障党员的选举权利，使党内选举能够充分体现多数选举人的意志。但从实际情况看，有的党员由于种种原因，确实无法到会参加选举。为了保证党的基层组织选举工作能够顺利进行，党员因下列情况不能参加选举的，经报上级党组织同意，并经党员大会通过，可以不计算在应到会人数之内。

（1）患有精神病或其他疾病导致不能表达本人意志的；

（2）自费出国半年以上的；

（3）虽没有受到留党察看及以上党纪处分，但正在服刑的；

（4）年老体弱卧床不起和长期生病，生活不能自理的；

（5）工作调动，下派锻炼、蹲点，外出学习或工作半年以上，已经回原籍居住但又没有转出组织关系的离退休人员中的党员等，按规定应转移正式组织关系而没有转走的。

不属于上述情况的党员，虽不能参加党员大会进行选举，仍计算在应到会人数之列。

五、党内选举方式

就基层党组织的选举而言，党内选举有直接选举、间接选举两种方式。

直接选举是指召开党员大会，由党员直接投票选举产生党的基层组织领导成员或出席上级党员代表大会的代表的选举方式。

间接选举是指由党员选出代表，再召开党员代表大会，由代表选举产生党的基层组织的领导成员或出席上级党员代表大会的代表的选举方式。

六、不足 7 人的党支部书记、副书记由党员大会直接选举产生

党员人数不足 7 人的党支部不设支部委员会，只设党支部书记（必要时可增设副书记）主持工作。这样的党支部的书记（副书记）候选人由党支部全体党员酝酿提名，根据多数党员的意见确定，报上级党组织审查同意后，召开全体党员大会直接选举产生，并报上级党组织批准。

七、投票结束后监票人、计票人应做好哪些工作

投票结束后，监票人要监督计票人当场将票箱启封并对收回的选票进行清点统计，核对无误后，即向会议主持人报告选票收回情况。在会议主持人向大会宣布选举有效后，计票人即在监票人监督下开始计票。计票结束后由监票人、计票人共同在计票结果报告单上签字并报告会议主持人。选举结果由监票人向大会宣布。当选人名单由会议主持人向大会宣布。选举结束后，监票人要将选票封存好，交有关部门保存。

八、有效票与无效票

有效票是指进行党内选举时收回的选票中符合规定要求的选票。在整个选举过程符合规定程序、选举有效的前提下，每张选票所选人数等于或少于规定的应选人数为有效票。

无效票又称废票，是指进行选举时收回的选票中不符合规定要求的选票。在党内选举中，确认无效票的方法，一是看选票上的所选人数是否多于应选名额，多的为无效票；二是看选票上选举人表达意愿的符号是否符合选举办法的规定，填写不规范且无法辨认的选票为无效票。

九、出现哪些情况要进行重新选举、另行选举和重新投票

第一，选举中有欺骗、贿赂、威胁或因家庭宗派势力妨碍选举人自由行使权利的，上级党组织有权作出选举无效、重新选举决定，再报上一级党组织批准执行。

第二，选举时有选举权的到会人数未达到应到会有选举权人数的五分之四的，选举无效，应重新选举。

第三，选举时收回的选票多于发出的选票的，选举无效，应重新选举。

第四，选举中得赞成票超过半数的被选举人少于应选名额时，不足的名额可另行选举。

第五，遇到获得赞成票超过半数的被选举人得票数相等，不能确定当选人时，对得票相等的被选举人重新投票，得票多者当选。

第八节　党支部换届选举工作主要例文

一、支部党员大会暨候选人预备人选的请示

党支部第一次支委会确定了党员大会召开的具体时间后，即时告知上级党组织备案，一般情况不必专门为时间问题写请示，而是候选人预备人选产生后一同请示，这样便于上级党组织召开党委会研究批复。

【例文】

**关于召开中国共产党×××支部委员会党员
大会暨候选人预备人选的请示**

（召开时间和候选人预备人选二合一的请示）

中共×××委员会：

我支部现有党员××名，预备党员×名。本届党支部委员会于××××年××月××日换届选举产生，将于今年任期届满。根据党章和党内有关规定，拟于今年××月××日召开支部党员大会进行换届选举。现就有关事项请示如下：

一、指导思想

深入学习党的十九大精神，贯彻落实上级党组织的部署要求，全面总结×××党支部的工作，研究提出今后三年的目标任务，选举产生新一届党支部委员会。

二、时间地点

拟于××××年××月××日在×××(地点)召开党员大会，会期×天。

三、主要任务

（1）听取和审议×××党支部委员会的工作报告；

（2）选举×××党支部新一届支部委员会。

四、新一届支部委员会委员、书记、副书记名额和候选人预备人选情况及产生办法

（1）新一届支部委员会拟设委员×名，提名委员候选人×名，差额比例为20%；拟设书记候选人一名，副书记候选人×名。

根据上级党组织的有关规定，×××支部委员会和全体党员对新一届支部委员会委员候选人初步人选进行了讨论、酝酿和推荐，于××月××日召开支部委员会会议集体讨论，在此基础上征求了党员意见，支委会会议确定了中共×××支部委员会组成人员候选人预备人选名单（以姓氏笔画为序）为×××、×××、×××、×××、×××。其中书记候选人预备人选为×××，副书记候选人预备人选为×××。

（2）根据我支部实际情况，拟直接采用候选人数多于应选人数的差额选举办法进行正式选举。

妥否，请批示。

中共×××支部委员会
××××年××月××日

二、选举办法（草案）

选举办法（草案）在第一次关于换届选举的支委会会议上就需要讨论，内容主要包括此次支部选举的依据是什么，支部委员名额、候选人预备人选名额、书记、副书记等，采取什么方式投票、填票方法等等。

【例文】

中国共产党×××支部委员会换届选举办法

（草　案）

一、根据《中国共产党章程》《中国共产党基层组织选举工作条例》规定，制定本选举办法。

二、×××支部委员会由本次代表会议选举产生。

三、大会选举采用无记名投票方式。代表候选人按照姓氏笔画顺序排列，进行直接差额选举产生。

四、×××支部委员会拟设3名委员，其中书记1名。按照差额不低于20%的要求，提出候选人预备人选4名（差额1名，差额比例为25%）。

五、凡党的组织关系在本党支部的正式党员（除受到留党察看及以上处罚者外）均有选举权和被选举权。参加选举的党员数必须达到应到会党员数的五分之四，方可进行选举。

六、选举人对候选人可以投赞成票或者不赞成票，也可以弃权。投不赞成票者可以另选他人。选举收回的选票数，等于或者少于投票人数，选举有效；多于投票人数，选举无效，应当重新选举。每一选票所选人数，等于或者少于规定应选人数的为有效票，多于规定应选人数的为无效票。赞成票超过应到会有选举权人数半数的，方可列为正式候选人。获得赞成票超过半数的被选举人数多于应选名额时，以得票多少为序，至取足应选名额为止。如遇票数相等不能确定当选人时，应当就票数相等的被选举人再次投票，得赞成票多的当选。获得赞成票超过半数的被选举人数少于应选名额时，对不足的名额另行选举。被选举人得票情况，包括得赞成票、不赞成票、弃权票和另选他人等。投票结束后，监票人、计票人应当将投票人数、发出选票数和收回选票数加以核对，作出记录，由监票人签字并报告被选举人的得票数。

七、选举人填写选票时，对所列候选人，同意的在其姓名上面的方格内划"〇"，不同意的划"×"，弃权的不划任何符号。如另选他人时，请在候选人后面的空格内写上自己要选的人的姓名，并在其姓名上面的方格内划"〇"。每张选票所选人数等于或少于应选人数的有效，超过应选人数的无效。

八、大会设监票人1名、计票人1名，监票人由党支部委员会提名，经党员大会表决通过。计票人由党支部委员会指定。已作为候选人的党员不能担任监票人、计票人。监票人在党支部领导下，对大会选举全过程进行监督。计票情况由监票人公布，选举结果由大会主持人宣布。

九、会场设1个票箱，投票顺序是：首先是监票人、计票人投票，其次是主持人（若上级党组织指派人员主持，就不用投票；若是本支部的党员，则要投票）投票，然后是正式党员依次投票。

十、宣布选举结果时，按姓氏笔画为序排列。

十一、本选举办法经党员大会表决通过后生效。

中共×××支部委员会
××××年××月××日

三、候选人选票

【例文】

中共×××支部委员会换届选举候选人选票

中共×××支部委员会（盖章）××××年××月××日

中共×××支部委员会换届选举候选人4名，其中差额1名，应选3名 （按姓氏笔画排序）				
符　　号				
候选人姓名	×××	×××	×××	×××
符　　号				
另选人姓名				
说明： 　　一、对候选人赞成的，在其姓名上方的空格栏内画"○"，不赞成的画"×"，弃权的不画任何符号；投不赞成票的可另选他人，投弃权票的不能另选他人； 　　二、另选他人，请在另选人姓名空格栏内填写另选人姓名，并在其姓名上方的空格栏内画"○"； 　　三、实行差额选举，应选名额为3名，差额1名，每张选票上赞成人数少于或等于3名为有效选票，超过3名和因涂改、撕毁而无法确认被选人的视为无效选票； 　　四、作废选票剪角处理。				

四、选举结果报告单

【例文】

<h2 style="text-align:center">中共×××支部委员会选举结果报告单</h2>

本次大会实到党员××名,发出选票××张,收回选票××张,其中无效票×张,有效票××张。候选人得赞成票数如下:

候选人姓名	得赞成票数	候选人姓名	得赞成票数

另选人得赞成票数如下:

另选人姓名	得赞成票数	另选人姓名	得赞成票数

监票人:　　　　计票人:

中共×××支部委员会

××××年××月××日

五、选举结果请示

换届选举结果请示是向上级党组织汇报的一种文书形式,主要内容由选举时间、票决结果、书记名单、委员名单及分工等组成。内容要素要清楚全面,这样才能得到上级党组织的准确批复。批复的文件作为任职文件,不再另下任职文件。

【例文】

关于中共×××支部委员会换届选举结果的请示

中共×××委员会:

根据《中国共产党章程》和《中国共产党基层组织选举工作条例》的有关规定,中共×××支部委员会于××××年××月××日召开党员大会,采取差额选举方式,对支部委员会委员进行换届选举。大会应到党员××名,实到××名,其中正式党员××名,票决结果为:×××(××票)、×××(××票)、×××(××票)、×××(××票)。得票前三名且赞成票超过实到会有选举权党员的半数当选为支部委员的是:×××、×××、×××。

会后,新一届支部委员会召开了全体会议,党支部书记实行等额选举,以无记名投票方式,选举×××同志为党支部书记。同时,会议还对支部委员的工作进行了分工,具体分工情况如下:

×××:党支部书记兼纪检委员

×××:组织委员

×××:宣传委员

妥否,请批示。

中共×××支部委员会
××××年××月××日

第五章　思想政治工作

第一节　思想政治工作的意义

习近平总书记在全国国有企业党的建设工作会议上强调，"要把思想政治工作作为企业党组织一项经常性、基础性工作来抓"。思想政治工作是国有企业各项工作的生命线。长期以来，思想政治工作作为国有企业的优良传统，发挥着不可或缺、不可替代的作用。

党支部是党的最基层组织，围绕企业生产经营开展工作。党的路线、方针、政策及上级各级党组织的工作部署，都需要党支部具体地贯彻到员工群众中去，并带领和团结广大员工群众积极认真地完成好党的各项工作任务。随着改革发展的推进，人们的思想观念、思维方式、价值取向都发生了重大变化。在新时代，加强和改进党支部思想政治工作，筑牢国有企业的"根"和"魂"，用先进的思想和文化陶冶心灵、启发智慧、培育意志、凝聚共识、提高素质、激发干劲，保证党的路线、方针、政策的贯彻落实，保证基层员工队伍的稳定，保证企业发展目标的实现和各项改革发展举措的顺利实施，显得尤为重要。

第二节　思想政治工作原则

坚持不懈地用马克思主义中国化的最新成果武装和教育全体员工，用习近平新时代中国特色社会主义思想凝聚力量。

一、坚持以党的政治建设为统领，筑牢践行"两个维护"的思想根基

坚持把党的政治建设摆在首位，牢固树立"四个意识"，坚定"四个自信"，做到"四个服从"，旗帜鲜明讲政治，坚决维护习近平总书记党中央的核心、全党的核心地位，坚决维护党中央权威和集中统一领导。

二、坚持以习近平新时代中国特色社会主义思想为指导，教育引导职工群众坚定理想信念

牢记党的宗旨，挺起共产党人的精神脊梁，解决好世界观、人生观、价值观这个"总开关"问题，自觉做共产主义远大理想和中国特色社会主义共同理想的坚定信仰者和忠实实践者。弘扬马克思主义学风，推进"两学一做"学习教育常态化制度化，用习近平新时代中国特色社会主义思想武装头脑，筑牢员工群众的思想基础。

三、坚持以人为本重要方针，增强职工群工的归属感获得感

把解决思想问题与解决实际问题相结合，全心全意为员工服务，带着感情做好思想政治工作。坚持既讲道理，又办实事，多做得人心、暖人心、稳人心的工作，把好事办实，把实事办好，切实增强思想政治工作的亲切感和实效性。

四、坚持融入中心服务发展，把政治引领力转化为企业核心竞争力

以企业改革发展成果检验党组织的工作和战斗力，把思想政治工作融入到改革发展，融入到生产经营科研和管理的全过程。部署工作、开展活动、组织考核等都要有利于效益的提高，有利于企业发展目标的实现。

五、坚持与时俱进守正创新，提升思想政治工作吸引力和影响力

充分发挥各种载体、宣传工具的作用，在干部员工中传播文化理念，发挥精神文明创建和思想政治工作的导向作用，群众性业余文化活动健康向上和寓教于乐的凝聚作用，学习型组织建设中的团队学习、终身学习的进取作用；组织开展多种形式的文化活动，弘扬民族精神和时代精神，宣传企业精神和共同愿景，不断巩固思想道德基础，不断提高队伍素质，凝聚精神力量，推动各项事业的发展。

第三节　思想政治工作内容

一、加强理论学习

加强理论学习，突出三个方面的重点内容：一是党的基本理论知识。思想政治工作的主要目的是要提高党员、干部和群众的思想认识，调动他们的积极性和创造性。因此，要开展马克思列宁主义、毛泽东思想、邓小平理论、"三个代表"重要思想、科学发展观和习近平新时代中国特色社会主义思想教育，培养和造就有理想、有信念、有道德、守纪律的党员队伍和员工队伍。二是现代管理知识。包括生产管理、营销管理、科学管理、风险管理、法律管理等方面知识，不断拓展视野，让员工群众把握好企业改革发展的新趋势新规律，增强工作的主动性、前瞻性和创造性。三是业务知识与技能。不断提高员工队伍的业务能力、管理能力，了解掌握相关业务知识和技能，做到一专多能。

二、开展社会主义核心价值体系学习

开展社会主义核心价值观要以培养担当民族复兴大任的时代新人为着眼点，强化教育引导、实践养成、制度保障，发挥社会主义核心价值观对国民教育、精神文明创建、精神文化产品创作生产传播的引领作用。把社会主义核心价值观融入社会发展各方面，转化为人们的情感认同和行为习惯。党支部就是要在这种思想指导下，采取各种方法、利用各种载体：一是开展社会主义核心价值观的教育，让党员和员工群众认识思想意识多元多样多变的新特点，巩固马克思主义在意识形态领域的地位；二是开展企业文化教育，让员工牢记企业核心经营管理理念。激发全体员工忠诚企业、爱岗敬业、勇于创新、开拓进取的热情，形成知荣辱、讲正气、作奉献、促和谐的良好风尚。

三、做好一人一事的思想政治工作

随着改革发展的不断深化和各种利益关系的调整，员工队伍思想异常活跃，出现了许多新情况和新问题。理顺职工思想情绪，稳定职工队伍，保持职工爱岗敬业的精神，是思想政治工作的一项重要内容。党支部定期分析职工的思想状况，及时解决带有倾向性的思想问题和工作生活中的实际困难，做到知职工情、答职工疑、解职工难、聚职工心，确保职工队伍的思想稳定。

做到"五必访""五必谈"。"五必访",即,职工婚丧嫁娶必访、职工有思想问题必访、职工生活有困难必访、职工生病住院必访、职工家庭纠纷必访。"五必谈",即,职工执行重要工作任务时必谈;实施重大政策措施出现不同意见时必谈;职工间出现隔阂时必谈;职工工作岗位有较大变动时必谈;职工受到重大奖励或情绪有较大波动时必谈。

四、开展好以阵地活动为载体的思想文化教育

党组织活动阵地是思想政治工作教育的场所,也是党支部的政治活动堡垒。充分利用和发挥好阵地的作用,将其作为党员、职工群众思想教育的场所、精神教育的基地、技术和科学文化学习场地、一线职工书屋。支部还可以通过阵地,组织开展健康向上、特色鲜明、形式多样的群众性活动,传播科学知识,弘扬科学精神,满足员工求知、求美、求乐的精神文化需求。

五、思想政治工作作为经常性基础性工作

把解决思想问题同解决实际问题结合起来,多做得人心、暖人心、稳人心的工作,积极构建和谐劳动关系,努力将矛盾化解在基层。健全落实企业领导人员基层联系点、党员与职工结对帮带等制度,定期开展职工思想动态分析,有针对性做好人文关怀和心理疏导。

第四节　创新思想政治工作

为了适应现代企业制度的需要,党支部的思想政治工作要从三个方面进行创新。

一、思路创新

坚持用党的创新理论武装党员干部职工,突出政治教育和政治训练,推动习近平新时代中国特色社会主义思想进企业、进车间、进班组、进头脑,引领职工群众听党话、跟党走。开展中国特色社会主义和实现中华民族伟大复兴中国梦宣传教育,加强爱国主义、集体主义、社会主义教育,抓好形势政策教育。

一是结合中央和上级党组织的要求,确定好党支部的工作思路,树立与时俱进的思想观念,从新形势出发,不断推进党支部工作的创新,只有创新才能

有效提高基层党建工作水平，才能为实现"中国梦"奠定良好的基础。二是结合本单位和职工的实际需求，创新思想政治工作的思路，力求工作有独创性、超前性、开放性，使思想政治工作不断适应环境变化的需要。

二、工作创新

促进生产经营科研发展是永恒的主题，思想政治工作只能围绕中心工作进行，将促进和保证生产经营任务的完成作为自己的主战场，发挥其应有的作用。通过支部工作创新，把思想政治工作与企业的生产经营科研、改革发展、机制转变等工作有机结合起来，坚持与本单位各个方面工作整体配合，把刚性约束与柔性导向有机结合起来，把思想政治工作的导向性要求体现在管理制度之中，使员工在"情"的激励之下爱岗敬业，在"法"的约束之下努力工作。

三、形式创新

开展活动的形式一定要体现思想政治工作与生产经营科研的一体化特点。不断创新形式，增添新内涵，增强吸引力和实效性。通过动员群众广泛参与，达到推动工作、提高素质、增创效益的实际效果。既要发扬好传统、好作风、好方法，又要认真研究在新时代人们思想观念、思维方式和生活方式的深刻变化，有针对性地采取有效措施和有效方法。

支部要不断学习和应用好现代管理的科学知识，开启心智，运用好人本管理、心理学等基本知识和相关的研究成果开展教育，进一步增强思想政治工作的针对性和科学性。思想政治工作还须善于利用现代化宣传媒体。除报纸、电视等传统新闻媒体外，以自媒体为代表的新媒体已迅速崛起。利用好这些媒体扩大思想教育的覆盖面和生动性，拓宽思想教育空间，增强思想教育的渗透力和影响力，使支部的工作积极适应人们精神文化生活的新发展、新要求、新趋势。

第五节　思想政治工作的方法

思想政治工作的方法有许多，单位的特点不同采用的方法不同，员工对象的情况不同采取的方法也不相同。思想政治工作必须结合实际，结合本单位的特点来开展，常用的方法有以下几种。

第五章　思想政治工作

一、调查了解

调查研究是解决和处理问题的前提，只有搞清楚员工群众的想法，做到心中有数，才能真正做好思想政治工作。支部要从实际出发，摸清工作对象的情况，掌握好员工群众的特点和情况，梳理分析，有的放矢地提出解决问题的方法和措施。调查了解的方法一般采取谈心谈话、座谈会、思想动态分析会、"五必访"、"五必谈"、民主评议、统计分析和收集各方面信息等。

二、正面引导

用先进的人物和先进的事迹来激励、示范、引领广大员工群众，形成正能量，促进思想政治工作与生产经营实践结合，实现经济效益和社会效益的同步增长。同时，做好后进的转化工作，立足于教、改、帮。正面引导，抓两头带中间，促进共同进步。

三、丰富载体

思想政治工作不能离开好的载体。基层党的组织在实际工作中，要结合时代发展要求，寻找和运用新的载体来实现思想政治工作的有效性。比如，有的基层党组织运用互联网、云平台、大数据方法，在某个阶段、某个点对员工的思想情况进行分析，把握员工的思想脉搏和思想变化，掌握员工最新的思想动态，有针对性地采取控制、疏导和思想政治工作的措施。实现员工思想动态管理，让思想政治工作的方法更有针对性，更加科学合理。

四、服务与解释

有的人认为思想政治工作是老掉牙的，但实际上它是与时俱进的。每一位支部书记都应该是思想政治工作者。过去思想政治工作的功能主要是教育和引导，而现在多了"服务"和"解释"功能。"服务"功能使思想政治工作变成实实在在为大家做事，不是虚的也不是空的。

服务与解释，首先要了解和掌握职工的思想情绪和价值观行为。

1. 职工思想情绪的产生

职工因由某件事和某人可能引发愉快和不愉快的情绪，有的反映在脸上，有的隐蔽在心里。比如受到领导的批评与表扬；工作的成就与错误；利益分配的不均不公；家庭的快乐与失望等等。这些情绪也许是暂时的，也可能长期持续。长期持续的情绪积累产生正面心境或负面心境。不同的心境常在行为上有所表现。

积极的情绪表现为快乐、活跃、振奋、自豪、开心、喜悦、满意、安心、平静、放松、精力充沛等。积累产生正面心境。正面而积极的心境在行为上表现为拥护、支持、积极参与积极向上的动力。职工队伍有良好的精神面貌。

消极的情绪表现为紧张、压力、难过、过于敏感、抑郁、失望、厌倦、焦虑、伤心、愤怒、暴躁、仇恨、敌意等。长期积累产生负面心境。消极而负面的心境在行为上往往反映为抵制、反对、回避、逃避、对批评对他人评论反应强烈等消极力量。

情绪、心境因年龄、性别、压力、社交活动等因素而表现为强弱程度不同。年轻人、女性情绪表现更为极端更为积极。

2.消除负面思想情绪的措施

首先是服务。维护公平正义、关心职工，解决实际困难，保护他们的利益，做得人心、暖人心、稳人心的工作是支部的职责和思想政治工作的重要内容。如果部分职工有思想问题有矛盾，或因利益分配或因岗位调整或因工作安排等，党支部都应及时思想教育和情绪疏导，更要维护好公平正义。

第二是人文关怀和心理疏导。这也是思想政治工作中的服务。支部定期进行职工思想动态分析，把握职工的心理活动规律，有针对性地做好心理疏导，增强思想政治工作的预见性和针对性，减少思想问题的萌发产生。落实载体和制度、开展群众性文体活动、阵地活动、主题实践活动；组织社会化活动和学习参观等。让职工精神愉快，队伍有活力，也是开展人文关怀的方法。

第三是解释。企业经常推出改革的措施、手段或方法。一般来说，改革的过程要经历：解冻—改革—冻结的过程。在改革之前首先应该"解冻"。所谓的解冻，就是开封过去的政策和做法，准备调整或否定。解冻前先要解释，就是宣传教育。通过宣传、教育和培训，使大家意识到这项改革的必要性或重要性。解冻以后的改革阻力要小一些。通过解释，让大家转变观念、解放思想，不改革可能等死。解释这个环节，思想政治工作占据了重要的地位，是非常好的解冻工具和方法。

3.职工价值观与企业价值观统一

（1）对企业而言，价值观是对于客观事物的基本信仰，是关于好坏、善恶、美丑的判断，是企业生存与发展的指导思想和基本准则。

对职工而言，价值观是人最基本的信念，是对周围客观事物，包括人、事、物的意义、重要性的总评价和看法。实践中往往反映员工对于正确和错误、好与坏、可取和不可取的看法和行为选择。

（2）职工个体的价值观受经历、教育程度、环境、人和事、感觉等因素形成。对金钱、友谊、权力、自尊心、诚实、守信、服从、公平、工作成就、奉献精神等的取舍行为是价值观在现实中的具体表现。

（3）价值观是态度和动机的基础。不同的价值观产生不同的心境和不同的行为选择。通过对职工价值观的正面教育，将职工价值观与企业价值观相统一，增强其爱岗敬业、责任感、诚实守信、团队精神和归属感等都极为重要。

4.让企业核心价值观"落地"

企业的价值观先于战略。一个企业要做到"基业常青"，只有核心价值观还不行，还必须把核心价值观渗透到企业的战略、组织、文化、制度、流程、领导风格、责权体系里去，这样才能做到核心价值观"落地"。

如何让企业核心价值观"落地"，培养出有理想、守信念、懂技术、会创新、敢担当、讲奉献的职工队伍。可以从以下三个方面探索：

（1）从思想观念层面上，通过宣传、教育、培训，让所有员工认可企业价值观念。组织开展岗位技能竞赛，弘扬劳模精神、工匠精神，宣传、表彰先进典型，发挥示范引领作用是有效的。

只有当职工认识并注意到榜样的重要特点时，才会向榜样学习；职工通过观察榜样而看到一种新行为之后，观察必须要转化成行为；当然，榜样的影响取决于职工对榜样活动的记忆程度。

（2）从政策和制度层面上，通过政策和制度上的规范，使企业价值观念在组织制度中体现出来，用组织管理和组织制度来约束行为。

（3）从具体行为、细节和操作层面上，把价值观念落实在职工的行为中。真实比形式更重要。企业价值观的"落地"关键在于职工付诸在行为、细节和具体操作上的真实性。如果企业制定了"诚信"的价值观，就要像宗教信徒一样去信守和维护自己的价值观，否则价值观就成了一句口号而已。

因此，培养职工队伍积极的思想情绪、让企业的价值观真正"落地"，都需要思想政治工作者的服务与解释。

第六节 认识和了解宗教

对外合作、国外投资项目中难免不接触宗教，国内有些地区也有宗教信仰，在国内外员工队伍中也存在宗教信仰问题。宗教是一种客观存在的社会现象，人与人之间的隔阂，政治观点上的矛盾，意识形态上的张力，以及不同社会、民族之间的冲突都与宗教有关。在新时代，认识宗教、了解宗教尤其重要，目的是进一步提高基层党组织解决思想政治工作问题的方法和能力，适应"一带一路"发展要求。

一、宗教的种类和分布范围

世界三大宗教——基督教、伊斯兰教、佛教，信徒占世界人口的66%。其中，基督教占33%，伊斯兰教占23%，佛教占10%。在国内，基督教占人口数的1.8%，伊斯兰教和佛教共占18%。

（1）基督教。基督教是指信奉耶稣基督为救世主的所有教派，是世界第一大教。基督教分为罗马公教（又称为天主教）、正教（又称为东正教）、新教三大派。基督教的前身是犹太教，是犹太教的一个流派或支派。基督教的兴起几乎与罗马帝国同步，公元392年，罗马帝国将基督教定为国教。1054年，东西罗马两部分教会分裂，西部为罗马公教，东部为东正教。1517年德国的马丁·路德拉开了宗教改革帷幕，从罗马公教中分裂出新教。天主教（罗马公教）是欧洲、拉丁美洲的主要信仰；东正教是希腊、俄罗斯、东欧等国家和地区的主要信仰；新教是北美、非洲、欧洲部分国家的主要信仰。

（2）伊斯兰教。"伊斯兰"系阿拉伯语译音，字面意思为"和平""顺从"，含义是当一个人把生命完全交付给真主安拉，和平就来临了。指信仰伊斯兰教的人称为"穆斯林"。伊斯兰教是当今世界信徒较多的三大宗教之一。伊斯兰教分为逊尼派、什叶派、艾巴德派和苏非派。伊斯兰教公元7世纪初兴起于阿拉伯半岛，分布于西亚和北非、中亚、中国西北、俄罗斯南部与中亚接壤处，东南亚的马来西亚、印度尼西亚、菲律宾南部、中国东南沿海等国家和地区。

（3）佛教。佛教诞生于公元前6世纪的古印度，由古印度迦毗罗卫国（今尼泊尔南部）净饭王的儿子释迦牟尼创立。释迦牟尼所处的时代正是我国春秋时期，民族矛盾、阶级矛盾十分尖锐，社会动荡，新旧思想交替，佛教正是诞生在这个时代。佛教遍布于亚洲各国，主要分布在日本、中国、印度、缅甸、泰国、越南、柬埔寨、老挝、蒙古等国。

二、宗教的核心信仰与基本礼仪

（1）基督教信仰与基本礼仪。基督教只有惟一神论，上帝是惟一的真神。各教派都共同信奉"三位一体"上帝，即它有三个位格——圣父、圣子和圣灵。认为世界万物由这一上帝创造和主宰；都相信人类始祖亚当和夏娃因偷食"禁果"而犯罪，这种罪被世代相传，称为"原罪"。上帝爱人类，不惜派遣爱子耶稣道成肉身，降世为人，被钉死在十字架上，以救赎人类，人们因信基督而获得赦免，由此得永生。基督教都在星期日敬拜上帝，星期日是为了纪念耶稣的复活。

天主教是教皇制。教皇是全世界天主教最高领袖。天主教神职人员不能结婚。

东正教是牧首制。由牧首—主教—司祭组成教阶。东正教主教不能结婚，司祭可以。

新教体制复杂，有长老制、公理制、主教制、联邦制等。神职人员只有牧师，牧师可以结婚。

天主教和东正教认为神职人员是人与神交往的中介。新教则否认这种作用，强调人人都可与上帝直接交通，无须神职人员作中介。

基督教有十条诫命。即除上帝以外，不可有别的神；不可拜偶像；不可妄称上帝的名；当纪念安息日，守为圣日；当孝敬父母；不可杀人；不可奸淫；不可偷盗；不可作假见证陷害人；不可贪恋别人的一切。

（2）伊斯兰教信仰与基本礼仪。伊斯兰教只有惟一神论。伊斯兰教要求人们信仰并服从安拉，从心灵深处感觉到安拉的存在和伟大；同时要求行为上表现出对安拉的服从，须履行一定的宗教功修，把信仰同行为的实践结合起来。伊斯兰教对每一个穆斯林规定的基本功修称之为"五功"。伊斯兰教的神学家根据《古兰经》有关经文的精神和圣训明文，提出"信前定"为第六项信仰，故又有"六大信纲"之说。伊斯兰教在神学信仰、政治主张、经济思想、道德规范、生活方式、家庭组合等各个方面所提倡的思想原则和行为规范，对每一个穆斯林或每一个信仰该教的民族都产生着深远的影响。

伊斯兰教规定禁止十种恶习，即挥霍与浪费、吝啬与小气、骄傲自大、撒谎、传播秘密、不良的猜测、发怒、背毁、胆怯懦弱、嫉妒。在饮食、服装、卫生、婚姻等方面也有许多禁忌。比如，在饮食方面的禁忌是不得食用四种东西：自死物、溢流的血、猪肉和"诵非安拉之名而宰的动物"。伊斯兰教严禁饮酒，也禁止饮用一切与酒有关的致醉物品。

（3）佛教信仰与基本礼仪。佛教徒尊崇佛教创始人释迦牟尼，而自称为释迦牟尼的弟子。佛教徒有四类，称为四众弟子，就是出家男女二众，在家男女二众。出家男女又分为比丘、比丘尼、沙弥、沙弥尼。比丘又俗称"僧人""和尚"，是出家后受过具足戒的男僧，中国的蒙藏地区僧人又称"喇嘛"。比丘尼又称尼姑，是出家后受过具足戒的女僧。有佛理素养又善于讲经的称为"法师"。佛教修行的方法：一是闻佛说法，或相互讨论；二是修习禅定。

广义的佛教包括它的经典、仪式、习惯、教团的组织等。狭义的佛教是解释人生和世界问题，如互存关系、因果关系，包括：四圣谛——苦的原因；缘起法——事物和现象的互存关系；四法印——判定佛法真伪；八正道——通向涅槃解脱的正确方法等教义组成。

佛教的戒（禁忌）有两个方面：一方面是针对僧人和僧团的，另一方面是针对在家修行者的。佛教的禁忌是以佛教事业的兴盛和佛教的根本教义得到弘扬为目的的。佛教自传入中国后，同各地的民俗、文化相融合，形成不同的禁忌。

中国佛教的禁忌一方面来自于佛教本身的戒律仪规，另一方面也受到中国本土传统民间风俗的影响。皈依佛门的人，无论在家出家，为了发慈悲心，增长功德，都要持佛教的戒律。佛教最基本的戒律是"五戒十善"。"五戒"，就是杀生戒、偷盗戒、邪淫戒、妄语戒、饮酒戒。"十善"实际上是"五戒"的分化和细化，分为身、语、意三业的禁忌，其内容包括身体行为的善（禁忌）——不杀生，不偷盗，不邪淫；语言方面的善（禁忌）——不妄语，不两舌，不恶口，不绮语；意识方面的善（禁忌）——不贪欲，不嗔恚，不邪见。

三、与宗教信仰的人员交往注意的问题

尊重宗教、尊重宗教礼仪是党的一贯做法。与基督教信仰者打交道时，不

宜对其尊敬的上帝、圣母、基督及其他圣徒、圣事说长道短，不宜任意使用其圣像与宗教标志。对神职人员，一般不应表现不敬之意。还应充分注意到其不同流派的差异，具体情况具体对待，切不可将其不同的流派混为一谈。

有些教派的基督徒有守斋之习。守斋时，他们绝对不食肉、不饮酒。在一般情况下，基督徒不食用蛇、鳝、鳅、鲶等无鳞无鳍的水生动物。就餐之前，基督徒多进行祈祷，非基督徒虽然不必照此办理，但也不宜在其前面抢先而食。

在基督教的专项仪式上，讲究着装典雅，神态庄严，举止检点。服装"前卫"，神态失敬，举止随便者，均不受欢迎。"666"在基督徒眼里代表魔鬼撒旦，"13"与"星期五"也被其视为不祥，所有的基督徒都会对其敬而远之，因而不应有意令对方接触它们。

伊斯兰教提倡语言文明、优美，规定说话要低声，待人要和颜悦色。伊斯兰教讲究衣着规矩，提倡衣着要符合自己的社会地位和身份。男子禁止穿纯丝织品制成的衣服，色彩鲜艳的衣服，戴金银饰物。到清真寺做礼拜、参加葬礼等，则必须戴弁。弁是上小而尖、下大而圆的帽子。穆斯林妇女有戴面纱、盖头的习惯。新月和五角星是伊斯兰教的标记，绿色是穆斯林所喜爱的颜色。

伊斯兰教注重称谓，反对在命名中使用吉利的词语，如"发财""得胜""高贵"等，喜欢用"天仆""天悯"等词语。见到尊长，应肃立敬礼。同辈相见，行握手礼。十分亲密的友人，行拥抱吻礼。穆斯林握手、端饭、敬茶均用右手，用左手被视为不礼貌。

穆斯林不食猪和不反刍的猫、狗、马、驴、骡、鸟类、没有鳞的水生动物等、不食自死的动物、非穆斯林宰杀的动物、动物的血。穆斯林杀牲，要念经祈祷，采用断喉见血的方式，不用绳勒棒打、破腹等屠宰法。不食生葱、生蒜等异味的东西。

第七节　思想政治工作案例

案例一：用思想政治工作"五步法"促进生产经营发展

中国石油西南油气田公司华油凯源 CNG 分公司坐落在重庆市渝北区，下辖的九个加气站分布在重庆市的六个辖区。现有合同化、市场化员工共125人，业务外包员工176人。华油凯源CNG分公司，即运营的行业属于高危化行业，作业全天化、市场竞争激烈化、用工多元化、收入差距化、舆情网络化等特殊性质使得员工管理难度相当大。党总支通过思想政治工作"五步法"的探索实践取得了较明显的效果，促进了生产经营有序推进、领导班子坚强有力、员工队伍和谐稳定。他们的经验和做法，为进一步抓好基层党建，推动党支部思想政治工作的开展提供了一个较好借鉴。

华油凯源CNG分公司党总支下设2个党支部，党员58人。近年来，华油凯源CNG分公司党总支将思想政治工作"五步法"充分融入生产经营、队伍建设、企业文化等各个环节，尝试性地开展了系列工作，并且取得了一定的成效，确保了企业健康稳步发展。具体做法如下。

第一是扛起"一岗双责"，进行"四级管理"，实施中枢工作协调法。

思想政治工作的核心在于建立健全中枢系统。由党总支统一领导，党政领导共同负责，建立以专职党务人员为骨干，以行政人员为基础的思想政治工作"四级管理"体系，形成党政工团齐抓共管的格局，从而打破了日常工作中重视生产安全、轻视思想政治工作，思想政治工作缺乏系统性的尴尬局面。每一位干部都要扛起"一岗双责"，既要做好业务范围内的本职工作，又要做好联系点和分管范围内员工的思想政治工作，只有将生产经营工作和思想政治工作紧密结合在一起，把思想政治工作中大家认为"虚"的工作做得更"实"，实现"实中见虚，虚中导实"的工作效果。

第二是转变观念，注重特色，实施管理机制创新法。

思想政治工作的方式方法不能照搬照抄，要结合本单位、本部门实际，创新工作思路，转变工作方式。思想政治工作作为管理中柔的一面，要与刚性管理相结合，做到引导人、培养人、理解人、尊重人、关心人，极大地调动职工积极性，从而产生最大的经济效益。

第三是答疑解惑，注重引导，实施形势教育沟通法。

在实践过程中，一改以往传统灌输式的理论学习方式，而是采用理论联系实际，开展学习讨论、形势宣传、沟通交流的方式宣传企业的规章制度和当前的形势目标任务。多年来，坚持在员工思想动态调研工作中，采取问卷调查、讲解企业当前所面临的机遇和挑战、与一线员工面对面沟通交流等形式，帮助员工从理论的高度去分析问题、解决问题，纠正自己在思想认识上的偏差，支持企业发展，做好本职工作，服从和服务于企业发展的大局。同时，将收集到的情况和员工的意见建议汇总成调研报告上报上级党组织，并对其中的问题给予解决，使员工的负面情绪得到及时疏通。实践证明，思想政治工作并不是内容越多越好、目标越高越好，而是要充分考虑员工的文化程度、社会阅历、社会背景等多种因素，找准"切入点"，抓住"共鸣点"，激起"兴奋点"，解决"疑难点"。只有这样，思想政治工作才能达到预期效果。

第四是因人而异，注重感召，实施人文关怀引导法。

每个人的经历、年龄、觉悟、修养、志趣爱好等各有差异，因此，思想政治工作也要因人而异。对于合同化用工，应多关心他们的成长和价值体现；对于业务外包人员，应多关心他们的工作、生活情况；对年龄偏大的员工，应多关心他们的身心健康；对年轻同志，应多关心他们的职业生涯发展……如果对青年讲修身养性，对老同志讲理想目标，则很难引起共鸣。所以，要根据不同群体的特点，熟悉他们的心理轨迹，找出心理契合点，注重感召性，研究并实施相宜的具体方法，才能充分体现思想政治工作的以人为本原则。

第五是总结经验，注重渗透，实施企业文化融入法。

为了把思想政治工作与生产经营、员工队伍管理、企业文化建设等工作有效地融合在一起，形成华油凯源独特的企业文化，华油凯源CNG分公司党总支历时一年时间，开展了《新时代思想政治工作在员工队伍管理中的应用》课题研究。该课题坚持思想政治工作的"四个结合"（队伍建设与制度建设相结合、指导性与自主性相结合、讲求实效与选择好载体相结合、思想导向与利益导向相结合），实现了思想政治工作"四个创新"（纠正认识偏差，在观念上创新；围绕"三个转变"，在方法上创新；突出主题思想，在载体上创新；做好"三个到位"，在机制上创新）。该课题还系统总结了运用新时代党的建设、思想政治工作经验，并把党的建设、思想政治工作、企业文化建设、基层建设、群团工作和基础工作等统筹起来，形成要求明确、标准具体、制度规范、机制长效、责任明晰、效果良好的思想政治保障体系，对今后的实践工作有一定的指导意义。

（本案例由中国石油西南油气田公司华油凯源 CNG 分公司党总支提供）

案例二：绘制员工思想曲线，实现员工思想动态管理

中国石油西南油气田公司重庆气矿分公司大竹采输气作业区党组织针对作业区点多、面广、战线长的生产经营特点，积极应对员工观念转变慢、思想复杂多样、安全生产形势严峻、工作生活压力大、队伍凝聚力缺乏等突出问题，创新绘制员工思想曲线，实施员工思想动态管理，为作业区又好又快发展提供了坚实的思想政治保证。

一、实施背景

作业区受工作环境的特殊性、自身结构的复杂性、历史遗留问题消化的滞后性等客观因素的影响，致使员工思想状态逐渐呈现出因"三多"导致"四难"的状况。

1. 社会观念和价值取向多元

随着社会的不断发展，石油企业在发展壮大的同时，员工接触的新鲜事物也更加丰富，视野更加开阔，人生观、价值观都发生了较大变化；加之，来自于社会、工作、家庭等多方面的压力，导致员工诉求多元化。

2. 心理认知和思想情绪多重

随着企业管理越来越规范，对员工的综合素质、工作质量、工作效率、安全生产等要求越来越高，导致员工工作压力越来越大。员工对企业管理需求的认知程度不同，对严格管理、精细管理不理解，员工收入问题、子女就学就业问题、上下级信任问题……这些都导致员工心理失衡，长期的亚健康心理状态导致个别员工工作情绪化。

3. 队伍结构和管理现状多样

（1）员工队伍呈现"四多"。一是男职工多，占总人数的 67%。二是操作人员多，占总人数的 79%。三是流动员工较多。四是生病及家庭困难的员工多。

（2）管理改革较为频繁。近些年，开展了管理上的一系列改革、调整和变化，如井站优化简化、岗位规范、班组员工"双选"、调整绩效考核方法等等，员工的思想波动较大。

4. 作业区员工队伍管理"四难"

作业区队伍建设面临"四难"现状：队伍结构复杂，日常管理难；员工年龄偏大，素质提升难；责任意识淡薄，凝聚力量难；管理调整频繁，稳定队伍难。

二、员工思想动态曲线内涵

针对思想政治工作现状，大竹作业区党组织审时度势，应势而为，借助作业区云管理平台，绘制"员工思想动态曲线"，通过强化专题问卷编制，强化思想问卷调查，强化思想曲线绘制，强化思想动态分析，强化帮扶活动开展等五项措施，全面实现员工思想动态管理，有效把控员工思想脉搏，确保员工队伍和谐稳定。

三、员工思想动态曲线的实践

为了准确把握员工的思想变化，大竹作业区党组织创新绘制"员工思想动态曲线"，通过对某个阶段和某个点的变化分析，掌握员工最新的思想动态，有针对性地采取控制和疏导措施，实现员工思想动态管理。

（1）**强化专题问卷编制**。根据不同专业和不同岗位，有针对性地编制员工思想调查问卷，问卷内容涉及员工凝聚力、薪酬福利、培训学习、班组管理等9个方面140余项选择答题，运用"宏程序"编制成调查问卷软件。利用"云技术"与作业区三基工作云平台同步，适时更新问卷内容，以便及时准确掌握员工思想动态。

（2）**强化思想问卷调查**。由党支部牵头，每两月开展一次综合性的员工思想动态网络问卷调查，员工通过作业区云平台填写问卷调查，如实记录思想情况、工作情况及生活感受。

（3）**强化思想曲线绘制**。根据员工问卷调查的综合得分，软件自动整理、统计、分析，自动绘制"员工思想动态曲线"，自动分类汇总题型概率。

（4）**强化思想动态分析**。支部书记根据软件自动形成的思想曲线图，查找员工的思想异常点和情绪变化点，直观分析员工在某个阶段工作、生活、思想情绪的变化状况，及时掌控思想波动。党支部结合曲线情况形成员工思想动态分析报告，在月度思想分析会上进行通报。

（5）**强化帮扶活动开展**。对思想波动大或思想曲线异常的员工，党支部进行"一对一"交心谈心，采取党小组—支部—党委逐一帮扶的方式，为员工答疑解惑，疏通思想疙瘩，思想政治工作取得了积极成效。如一支部在调查问卷中，发现双家坝增压站的某员工综合得分在 70 分，思想明显异常，他在工作强度、生活压力来源方向、家庭困难等 10 多项选择了最低分答案。支部书记及时与他取得联系，了解情绪低落的真实原因，并及时帮助解决家庭困难，使其释放压力，终于使他重新愉快地投入到工作中。

第六章 党员管理

第一节 党员管理的意义

党员管理是党组织按照党章和党内的有关规定，通过一定的方式和手段，使党员认真履行义务，正确行使权利的活动，是党的建设的重要组成部分，是加强党的建设的基本途径之一，也是实现党的政治路线的重要保证。

（1）党员管理是党的组织建设的基础工作。认真做好这项工作，对于提高党员素质，提高党的战斗力，保持党的工人阶级先锋队的性质，保证党的路线方针政策的贯彻执行，充分发挥党在建设中国特色社会主义事业中的领导作用，有着十分重要的意义。

（2）党员管理是党的战斗力的保证。党有强大的战斗力，首先需要有素质优良的、合格的共产党员。在党员队伍中绝大多数能够发挥先锋模范作用，党就会有强大的战斗力，就会克服前进道路上的任何困难。然而，要达到这一点，取决于党员管理工作。党员管理工作做得好，做得深入，党员队伍的素质就能迅速提高；相反，就不会有高质量的党员队伍。由此可见，党员管理是党的组织建设的基础工作，是党的战斗力的保证。

（3）党员管理直接关系到党能否保持工人阶级先锋队的性质。党之所以能够成为工人阶级的先锋队，一方面在于它有马克思列宁主义、毛泽东思想、邓小平理论、"三个代表"重要思想、科学发展观和习近平新时代中国特色社会主义思想作为自己的行动指南；另一方面在于它是由具有共产主义觉悟的先进分子组成的。通过党组织的教育管理，使每个党员不断提高思想政治觉悟，具有全心全意为人民服务的思想和本领，在各条战线上能够发挥先锋模范作用，为实现党的基本路线而奋斗。

（4）党员管理直接关系到党的领导的实现。党的路线方针政策要靠全体党员参与制定，要靠全体党员去宣传、去执行、去落实，把它变为群众的实际行动，从而保证党的领导的实现。在实现党的领导过程中，那些担任领导工作的党员，起着关键性的作用。党员在各项工作中要成为群众的模范，担任领导工作的党员要成为普通党员的模范。如果党员的素质不高，先锋模范作用发挥得不好，就必然会影响党的领导的实现，影响党的任务的完成。因此，做好党员管理工作，提高党员素质，增强党性，对于实现党的领导起着非常重要的作用。

（5）党员管理直接关系到党与人民群众的关系。党员素质的好坏直接影响着党同人民群众的联系，影响着党的威信。要想保持党同人民群众的鱼水关系，提高党在人民群众中的威信，首先就要有素质较高、党性较强的党员。有了成千上万的为人民利益忘我献身的共产党员，人民就会拥护党，就会坚定不移地跟党走。所以，党要保持同人民群众的密切联系，就必须不断提高党员素质，就必须认真做好党员管理工作。

第二节 党员管理的基本任务和原则

一、党员管理的基本任务

（1）引导党员严格履行义务，保障党员充分行使权利。党员的先进性主要体现在党员是否履行了党章规定的八项义务，党组织要教育引导党员严格要求自己，模范地履行党员义务，自觉地做合格党员。党员充分行使党章规定的党员权利，是党内民主的重要体现。党组织要认真落实《中国共产党党员权利保障条例》的各项规定，教育引导党员正确行使权利，并为党员行使权利创造必要的条件。

（2）组织党员参加党的活动。党组织对党员的日常管理，主要体现在组织党员参加党的活动上，如参加党的组织生活，按期交纳党费，接受党的教育和培训，完成党组织分配的工作等。只有这样，才能保证党的思想统一和组织统一，才能使每个党员不断增强党的观念，发挥先锋模范作用。

（3）严格党员组织关系和党籍管理。党员的组织关系是党员身份的证明；党籍是指党员资格。党员的工作变动是经常发生的，特别是在社会主义市场经济条件下，党员流动日趋普遍、频繁，党员的思想情况、工作表现时有变化，对党员的管理必然是动态的。党员流动后要按规定办理转移组织关系的手续，党员凭组织关系参加党的组织生活，发挥先锋模范作用。如果党员丧失了党员资格，党组织应按规定对党员进行党籍处理。

（4）保持党员队伍的先进性、纯洁性。任何时候，党员队伍中都会有落伍者，在改革开放和经济体制的转变时期，这个问题显得更加突出。对于那些理想信念动摇，价值观念发生变化，其表现已经不具备党员条件的不合格党员，党组织应按照党章的规定，根据党员的不同情况，分别采取措施进行严肃处置，以保证党员队伍的纯洁性。

二、党员管理的基本原则

（1）党要管党、全面从严治党的原则。党要管党、从严治党是在新的历史起点党的建设的基本方针，是对党员队伍进行教育、管理、监督的一个重要原则。首先，通过加强党员管理，使党员增强党员意识，自觉坚持党员标准。对那些不履行党员义务，徒有其名的党员，经过多次教育，仍不能改正的，要劝其退党，或者从党内除名。其次，通过加强党员管理，维护和保障党的纪律的严肃性和权威性。不管是谁违反了党的纪律，都要按照党章的规定，毫无例外地受到党的纪律的制裁。最后，通过加强党员管理，建立严格的约束机制，使党员特别是党员领导干部自觉地接受党内外群众和党组织的监督。

（2）注重实效的原则。密切联系贯彻党的基本路线的实践，坚持党员管理工作为统筹推进"五位一体"总体布局和协调推进"四个全面"战略布局服务，以充分发挥党员的作用。这是党员管理工作的一个重要原则，也是做好这项工作的一条重要经验。搞好党员管理工作，必须坚持注重实效的原则。实效可以表现为许多方面，但是最主要的是看党员的素质是否有所提高，党性是否有所增强，能不能坚决贯彻执行党的基本路线，献身改革开放和现代化事业，带领群众为本地区、本单位的经济发展和社会进步作出成绩，在岗位上充分发挥先锋模范作用。

（3）制度规范的原则。严格的规章制度是加强党员管理，有效规范和约束党员思想、行为的重要保证。制度规范原则主要包括三个方面的内容：一是制定和完善党员管理制度，如"三会一课"制度、民主评议党员制度、党员目标管理制度等。二是制度的实施和检查。三是引导党员自觉地执行制度。

（4）组织管理与思想教育相结合的原则。思想教育与组织管理是紧密相连的，二者同等重要，不可分割，不可偏废。

（5）继承与创新相结合的原则。党员管理工作面临的新情况、新问题很多，必须以改革的精神在实践中积极探索，研究新情况，解决新问题，创造新经验，使党员管理工作在改进中加强，在转变中适应，在发展中提高，要把继承优良传统和改革创新有机结合起来，不断改进工作方法和活动方式，使管理工作真正适应新形势、新任务的要求。

第三节　党员管理的内容和要求

一、党员管理的内容

（1）健全完善党员管理制度。包括党的组织生活制度、党员定期向组织汇报思想和工作制度、党日制度、党员交纳党费制度、民主评议党员制度、转移党员组织关系制度、党籍管理制度、流动党员管理制度等。

（2）组织开展党内活动。包括"三会一课"，党员领导干部双重组织生活会、"三严三实"专题教育、"两学一做"学习教育、党员目标管理、党员责任区，党员主题实践活动、党内谈心活动等，增强党员队伍的凝聚力和战斗力。

（3）建立完善党员信息管理系统，利用现代化信息技术提高党员队伍科学管理水平。

（4）强化党员教育培训，不断提高党员素质。

（5）理顺党员关系和管理体制，探索党员直管、代管、协管的模式和办法。

二、党员管理的要求

（1）必须始终贯彻党的基本路线，坚持为企业的改革发展和稳定服务。党员管理工作必须根据企业改革和生产经营工作的需要，确定适当的管理内容，力求把党员管理工作渗透到企业的各项工作中去，引导党员自觉接受锻炼，积极建功立业，促进企业"低成本、有效益、可持续"发展战略的实现。

（2）必须以提高党员素质、增强党性为根本目标，研究新情况，解决新问题。要运用组织管理手段，建立教育、管理、监督机制，教育广大党员增强先锋模范意识，抵制各种腐朽思想的侵蚀，旗帜鲜明地反对拜金主义、享乐主义和极端个人主义，始终保持党员队伍的先进性和纯洁性。

（3）必须同执行党的纪律有机结合起来，规范党员的言行，维护党的集中和统一。要在民主集中制的基础上，依据改革开放和现代化建设各个阶段的具体任务，采取各种措施来保证党的路线方针政策的贯彻执行，保证全体党员在思想上、政治上、行动上和党中央保持高度一致。

（4）必须大胆创新、锐意改革，不断探索和改进方式方法，激励党员努力改造世界观，激发党员的积极性、主动性和创造性；不断提高思想素质、政治素质和业务素质，在企业生产经营和社会生活的各个方面充分发挥先锋模范作用。

三、党员标准

党员标准，即党章对党员提出的条件和要求。党员标准由申请入党的条件、党员的基本条件、八项义务和权利的具体标准三个方面的内容构成，它们互相联系，各有侧重，从不同角度、不同层次规定了党员标准的各个方面，共同构成了党员标准的有机整体。坚持党员标准，就必须全面地坚持党章规定，任何将这些方面的规定割裂开来、对立起来的做法，强调某些方面而否定其他方面的做法，各取所需、任意解释的做法，都是对党员标准整体内容的贬损和破坏，必须坚决加以纠正。

第四节　党员组织关系管理

党员组织关系，是指党员对党的基层组织的隶属关系。党章规定，每个党员不论职务高低，都必须编入党的一个支部、小组或其他特定组织，参加党的组织生活，接受党内外群众的监督。申请入党的人一经被批准入党，接收其入党的党组织就要将其编入党的一个基层组织，从此就确定了他的组织关系。党的组织关系一经确定，党员就可以且必须参加该组织的生活，并在其中积极工作。

一、转移和接收党员组织关系的凭证

党员组织关系的凭证有三种，即党员组织关系介绍信、党员证明信和流动党员活动证。转移和接收正式组织关系，应当凭据党员组织关系介绍信，转移和接收临时组织关系，应当凭据党员证明信或流动党员活动证。党员短期外出开会、参观、学习、实习和考察等，时间在3个月及3个月以内，无需证明党员身份的，可不开具党员组织关系凭证。

（1）党员组织关系介绍信。党员组织关系介绍信是党员变动组织关系的凭证。党员因工作单位、居住地等发生变化，或外出学习、工作时间在6个月以上且地点比较固定的，应按规定转移正式组织关系，即开具党员组织关系介绍信。党员组织关系转出后，党员在党组织中的隶属关系随即发生变化，党员应在转入的党组织参加党的组织生活，交纳党费；同时，享有表决权、选举权和被选举权。

（2）党员证明信。党员证明信是党员临时外出参加党的组织生活的凭证，即党员临时组织关系凭证。党员临时外出时，持党员证明信以证明其党员身份。党员证明信一般只限在党员临时外出时间6个月及6个月以内使用。持党员证明信外出的党员，可以据此证明自己的党员身份，在所去地区或单位参加党的组织生活。但是，其党组织关系没有从原所在党组织转移出去，他们在所去地区或单位党组织中没有表决权、选举权和被选举权，而仍在原单位交纳党费和享有表决权、选举权和被选举权。

（3）流动党员活动证。流动党员活动证也是党员临时组织关系凭证，其作用与党员证明信基本相同。所不同的是：①流动党员活动证适用于短期外出（6个月以内）但外出地点不确定，或长期外出但因外出地点和时间不确定等原因暂时无法转移正式组织关系的党员；②持流动党员活动证的党员可向外出所在地或单位党组织交纳党费。

二、党员组织关系转接

1. 接转党员组织关系介绍信的基本程序

需转移组织关系时，经党组织批准方可办理党员组织关系转移手续。党员在转移组织关系时，应由党员本人持由其所在党组织开出的党员组织关系凭证

到有关党组织办理转移手续；不能携带的，应由机要交通或机要邮政转递。党组织开具党员组织关系介绍信要使用统一式样的党员组织关系介绍信，用毛笔或钢笔填写，字迹要清楚，不得涂改。如涂改更正，须加盖更正章。要写明党员转出和接收单位的全称，要用大写字注明党费交至月份。要根据被介绍人的实际情况在介绍信和存根上注明有效期限，一般不应超过三个月。党员组织关系介绍信必须加盖公章，并在介绍信和存根的连接部位加盖骑缝章。集体转移党员组织关系，应附党员花名册，并加盖党组织的印章，组织关系介绍信需留存文书档案备查。

2. 组织关系转接权限

根据中央组织部有关规定，可以在全国范围直接相互转移党员正式组织关系的党组织包括：县级及县级以上地方各级党委组织部；中央和国家机关各部门及中央一级人民团体的机关党委；省（自治区、直辖市）直属机关党委（工委）组织部；新疆生产建设兵团政治部组织部、各农业师（管理局）政治部（处）；中国人民解放军师（旅）或相当于师以上政治部或其组织部门；铁路系统的各铁路局（集团公司）党委组织部；国务院国有资产监督管理委员会监管的境内企业党委（直属党委），省（自治区、直辖市）国有资产监督管理委员会党委组织部（处）。

具有在全国范围直接相互转移党员正式组织关系权限的党组织，同时具有直接相互转移党员临时组织关系的权限。省（自治区、直辖市）、副省级城市及市（地，州盟）各部门的机关党组织，县（市、区、旗）直属机关党（工）委，乡镇党委，城市街道党（工）委，企事业单位党委，中国人民解放军和武装警察部队团或相当于团级单位政治机关，也可以在全国范围直接相互转移党员临时组织关系。

3. 转接党员组织关系对党员的要求

（1）因工作、学习、生活等原因离开原所在地党组织，要及时转移党员组织关系，在规定时间内到所去地方或单位党组织报到。

（2）短期外出或外出时间较长但无固定地点的，应当通过适当方式与原所在党组织保持联系，汇报外出期间的有关情况，按照规定交纳党费。

（3）如果没有正当理由，连续6个月不参加党的组织生活，或不交纳党费，或不做党所分配的工作,就被认为是自行脱党,支部党员大会应当决定把这样的党员除名,并报上级党组织批准。

4.转接党员组织关系必须注意的其他问题

(1)党员组织关系介绍信、党员证明信和流动党员活动证要统一印制和管理。党员组织关系介绍信、党员证明信和流动党员活动证的印制与保管是一项十分严肃的工作,必须严格按照有关规定办理。印制所需经费,可从党费中开支,不得向党员个人收取工本费和发证手续费。使用后的党员组织关系介绍信、党员证明信、存根要妥善保管。

(2)妥善处理党员组织关系介绍信、党员证明信或流动党员活动证丢失的问题。党员组织关系介绍信或党员证明信一旦丢失,党员要及时向所在单位的党组织或最后办理转移组织关系的党委组织部门报告。党组织应对丢失党员组织关系介绍信、党员证明信的情况进行审查,如确系本人不慎丢失,可由最后办理转移组织关系的党组织予以补转,并立即通知接收党员的党组织,说明原党员组织关系介绍信或党员证明信作废。接收单位在接收时,要对党员组织关系介绍信、党员证明信进行认真审查核对。对丢失党员组织关系介绍信、党员证明信的党员,应给予批评教育,情节严重的还应给予适当的党纪处分。流动党员丢失流动党员活动证,也应及时向签发单位党组织报告。

(3)党员自带的党员组织关系介绍信或党员证明信应及时转移。党员不按期转移组织关系是组织观念淡薄的一种表现,也是党纪所不允许的。对于过期的党员组织关系介绍信或党员证明信,要调查了解,弄清原因,分清责任。对于那些无正当理由不及时转移党员组织关系,导致党员组织关系介绍信或党员证明信过期的,应给予严肃的批评教育。其中超过6个月不参加党的组织生活的,正式党员要按党章规定作自行脱党处理,预备党员要取消其预备党员资格,如系经办人员工作不慎造成的,要对经办人进行严肃的批评教育。过期的党员组织关系介绍信或党员证明信作废,由开出党员组织关系介绍信(党员证明信)的单位另行补转。

(4)身兼多职的党员领导干部的组织关系。其党员正式组织关系应放在本人主要职务所在单位,参加那里的党组织活动。

（5）党员流动中的组织关系办理。在党员流动中，党组织与党员都必须认真按照有关政策、规定办事。在人员流动问题上，单位与单位或个人与单位发生争议，应本着实事求是和互谅互让精神，通过充分协商，妥善处理。协商达不成共识的，应提交仲裁机构或有关主管部门进行仲裁，有关单位党组织应根据仲裁结论，确定是否办理转移党员组织关系手续。

（6）与原单位解除劳动关系的党员组织关系转移。与原单位解除劳动关系的党员，流向比较集中的，原所在单位党组织应当与其所去单位或地方党组织做好衔接工作，为他们集体办理党员组织关系转接手续；流向分散的，原所在单位党组织也要主动向党员所去单位或地方党组织提供情况，帮助党员及时落实组织关系。党员所去单位或地方党组织原则上不能拒绝接收，暂时不具备接收条件的，其上级党组织要帮助解决实际困难，积极为这些党组织创造条件，并对其接收外来党员提出具体的时间等要求。

第五节　党的组织生活

党的组织生活的主要目的在于管理、教育和锻炼党员不断增强党性。因此，党组织要对党员进行严格遵守党的组织生活制度的教育，使党员懂得参加党的组织生活的意义，提高过组织生活的自觉性。

（1）健全制度。党的组织生活的正常化，必须建立在制度化的基础上。要根据党章和党内文件的有关要求，结合本单位的特点，建立健全党的组织生活的各项规章制度，并真正落到实处。

（2）注意效果。从支部委员会来说，要认真研究活动内容，每次会议要有一个中心议题；从参加会议的人来说，要做好发言的思想准备；主持会议的人员，要注意引导和掌握，以提高会议的效果。

（3）督促检查。发现党员无故不参加党的组织生活，党支部和党小组要及时给予批评教育，或让其本人在下次会上说明原因，或视情况让其作检讨。对无正当理由连续6个月不参加党的组织生活的党员，要按党章规定严肃处置。

第六节　党籍管理

党籍是指党员资格。一个申请入党的同志，当他履行了入党手续，从成为预备党员之日起，就取得了党员资格，就有了党籍。取得了党籍，是一个人从组织上被承认为党员的依据。党员被取消预备党员资格、劝退除名、自行脱党除名、自愿退党除名，不予登记，开除党籍，就失去了党籍。党籍是党员的政治生命，党员个人应十分珍惜，党组织在处理有关党员的党籍问题时，也应采取十分慎重的态度。

一、劝其退党

党章规定，"党员缺乏革命意志，不履行党员义务，不符合党员条件，党的支部应当对他进行教育，要求他限期改正；经教育仍无转变的，应当劝他退党。劝党员退党，应当经支部党员大会讨论决定，并报上级党组织批准。如被劝告退党的党员坚持不退，应当提交支部党员大会讨论，决定把他除名，并报上级党组织批准。"支部党员大会在讨论决定劝党员退党时，应当通知被劝退出党的党员参加大会，并允许他提出意见和进行申辩。

劝党员退党，是对党员进行组织处理的一种方式，不是党的纪律处分，也不能代替党的纪律处分。因为被劝告退党者不属于违犯党纪的党员。

虽然劝党员退党和开除党籍都是对党员党籍的处理，都是为了纯洁党员队伍，保证党员质量所采取的组织手段，但两者有原则区别：劝党员退党是通过劝告，使经过教育帮助的不合格党员，一般在本人同意的情况下退党；开除党籍是对严重违犯党纪的党员以最重的纪律处分，开除出党。

二、除名

除名，就是取消党员资格（党籍）。它是党内组织处理的一种方式，但不是纪律处分。对有下列情况的党员，应予除名：

（1）对要求退党的党员，经支部党员大会讨论后宣布除名，并报上级党组织备案。

（2）如被劝告退党的党员坚持不退，应当提交支部党员大会讨论，决定把他除名，并报上级党组织批准。

（3）对没有正当理由，连续6个月不参加党的组织生活，或不交纳党费，或不做党所分配的工作的党员，应作为自行脱党处理。支部党员大会应当决定把这样的党员除名，并报上级党组织批准。支部党员大会在讨论决定对党员除名时，应当允许其进行申辩。

三、自行脱党

党章规定："党员如果没有正当理由，连续 6 个月不参加党的组织生活，或不交纳党费，或不做党所分配的工作，就被认为是自行脱党。支部大会应当决定把这样的党员除名，并报上级党组织批准。"这就是说，党员如果没有正当理由，连续 6 个月具有上述三种情况中的任何一种情况，都应视为自行脱党。在处理党员自行脱党问题时，党组织要正确掌握是否"没有正当理由"和是否"连续 6 个月"这两个条件，不要把因某些客观原因连续 6 个月没有参加党的组织生活，或没有交纳党费，或没有做党所分配的工作的党员一律算作自行脱党。党组织在发现党员有上述情况时，应及时进行批评教育，帮助其改正错误，而不要等到 6 个月以后才去过问或处理。如果本人不接受教育而仍坚持不改，则满 6 个月即可处理。

四、党员退党

党章规定："党员有退党的自由。"因此，党员自愿要求并经党组织按照有关规定办理手续后，可以退出党组织。党组织对党员的退党要求应按以下原则处理：

（1）尊重党员退党权利，允许党员有退党的自由。中国共产党是中国工人阶级的先锋队。做一个中国共产党员不仅是自觉自愿的，而且是有条件的。党员如果改变了自己的信仰，或由于其他种种原因，不愿继续做一个中国共产党员而要求退党，党组织应予批准。

（2）党员要求退党，应向党组织提出，不能通过大众传媒或以其他方式向社会公开。

（3）党员要求退党，党组织首先要弄清党员提出退党的原因，然后区别处理。对于平时表现很好，只因有模糊认识或一时冲动提出退党，事后又主动撤回退党申请的，可以不作退党处理，但是应对其进行严肃的批评教育。若是预备党员的可延长其预备期；对于那些缺乏革命意志，对共产主义事业丧失信心，或者消极落后，甚至蜕化变质，或者个人主义膨胀，不愿接受党的监督和纪律约束的党员要求退党，应当及时作出批准退党的处理；对犯有严重错误以至有危害党的行为需要开除出党的,尽管本人提出退党,但不能按退党处理,而应按照违犯党的纪律开除其党籍。

(4)党员要求退党,党组织不要强行挽留,应尊重其意愿予以批准。

(5)党员退党以后,党组织仍应从政治上关心帮助他们,不要歧视和排斥,要鼓励他们做个好公民。党组织也应从中吸取经验教训,切实加强对党员的教育和管理,努力解决党员的思想入党问题。

对要求退党的党员,本人要写出退党申请书。如本人书写有困难,则应由他人代写并加盖本人印章。在要求退党的人写出退党申请书后,支部党员大会经过讨论后宣布除名,并报上级党组织备案,不必办理审批手续。党员退党后,上级党组织应将支部党员大会讨论后宣布除名的意见和决定装入本人档案,并在其《中国共产党入党志愿书》"备考"栏写明退党的日期和原因。

五、党员登记

党员登记,是党组织对党员的党籍采取的一种处理方式。要严格坚持党员标准,严肃执行党的纪律,注意分清准予登记和不予登记的界限。准予登记或不予登记的范围和条件,在不同时期有不同的要求。中共中央在1983年的整党决定中,在1989年转发中央组织部《关于在部分单位进行党员重新登记工作的意见》中,都曾根据当时的特定情况,对党员准予登记或不予登记的范围和条件作了具体规定。组织处理的形式主要有:

(1)准予登记。

对符合登记范围和条件的党员准予登记。

(2)不予登记。

对不符合登记范围和条件的党员不予登记要由支部党员大会讨论作出决议,由上级党委审批,并由上级党组织派人同本人进行谈话;必要时县级或县级以上党委有权直接对党员作出不予登记的决定。

(3)暂缓登记。

暂缓登记是对错误较轻、愿意接受党的教育、决心悔改的,或错误未查清、检查不深刻、群众不满意、需要进一步考察的党员的组织处理方式。暂缓登记时间为1年,期满后,符合党员条件的,准予登记;仍然不符合党员条件的,不予登记。党员暂缓登记不是纪律处分,党员在暂缓登记期间,在党内没有表决权、选举权和被选举权，党员义务和其他权利不受影响。

六、开除党籍

党章规定，开除党籍是党内最高的纪律处分。严重触犯刑律的党员必须开除党籍；党员经过留党察看仍坚持错误而不改正的，应当开除党籍。开除党籍处分一般必须经过支部党员大会讨论通过，党的基层委员会审批后，还要报县级或县级以上党的纪律检查委员会审查批准。各级党组织在决定或批准开除党员党籍的时候，应当全面研究有关材料和意见，采取十分慎重的态度。处分决定所依据的事实材料和处分决定必须同本人见面，听取本人说明情况和申辩。如果本人对处分决定不服，可以提出申诉，有关党组织必须负责处理以迅速转递，不得扣压。

第七节　流动党员管理

一、加强流动党员管理的意义

中央办公厅印发的《关于加强和改进流动党员管理工作的意见》指出，流动党员是指由于就业或居住地变化等原因，在较长时间内无法正常参加正式组织关系所在党组织活动的党员。随着我国改革开放的不断深入和社会主义市场经济体制的不断完善，各类人员在产业之间转移和地区之间流动日益频繁，其中有不少是中国共产党员。加强和改进流动党员管理，使他们在流动中能够及时参加党的组织生活，接受党组织的教育、管理和监督，发挥先锋模范作用，是党员管理的一个新课题，也是新时代保持共产党员先进性、纯洁性，提高党的执政能力的一项重要任务。

二、流动党员组织关系的转移

党员流动符合有关政策规定，党组织应及时为他们转移组织关系。其中外出时间较长（6个月以上）地点比较固定的，应转移党员正式组织关系，即开具党员组织关系介绍信，转入所去地区、单位的党组织。外出时间较短（6个月以内）或外出时间较长但暂时无法转移组织关系的，应使用流动党员活动证。短期外出（6个月以内）参加会议、学习进修等，仍应开具党员证明信，交所去地区或单位的党组织。

流动党员转移组织关系的基本要求是：党员所去单位的党组织健全的，应将党员组织关系转到其所去单位的党组织；党员所去单位党组织不健全的，应将党员组织关系转到其所去单位上级主管部门的党组织，或转到其所去单位所在地的街道、乡镇党组织；党员在流动中将人事关系和档案材料保存在县级以上政府人事（劳动）部门所属的人才流动服务机构的，这些机构的党组织如具备管理条件并经同级地方党委同意，可以接收未落实工作单位或因某些原因暂时无法转移组织关系的党员的组织关系。

三、流动党员活动证制度

根据党的十四届四中全会精神，中央组织部于1994年12月下发了《关于试行＜流动党员活动证＞制度的通知》，决定从1995年7月1日起，在全国范围内试行流动党员活动证制度。后于2006年，中央决定从2007年1月1日起启用新版流动党员活动证。

流动党员活动证由各省、自治区、直辖市党委组织部严格按照中央组织部制定的统一式样定点印制，并加强管理。其他任何单位和个人不得自行印制。流动党员活动证一般应贴本人近期免冠照片，并由流出地基层党委在照片上加盖印章；特殊情况未贴照片的，应与本人的居民身份证同时使用。

流动党员活动证经流出地基层党委盖章后，由党支部负责发放。发放时，要登记造册，详细登记持证外出党员的姓名、所在支部、发证时间、外出原因、外出地点、外出时间等情况，并报上级党组织备案。

四、流动党员活动证的使用

流动党员活动证适用于短期外出（6个月以内）或长期外出但暂时无法转移组织关系的党员。下列情况不能使用流动党员活动证。

（1）短期（6个月以内）外出参加会议、学习进修、借调工作、办理公务、休假探亲的党员，仍开具党员证明信。

（2）长期（6个月以内）外出务工经商且有固定地点的党员，应转移正式组织关系。

（3）流动性较大，无固定地点，但可以经常返回原所在单位的党员，仍在原单位参加党的组织生活。

（4）集体外出、地点相对集中，且有3名以上正式党员的，可通过建立党支部（临时党支部）或划分党小组进行管理。接收流动党员的党组织对持有流动党员活动证的外来党员，应于验证后及时接收并将其编入党支部、党小组，同时报上级党组织备案。对外来党员参加党的组织生活、交纳党费、外出地点变更等情况，应在流动党员活动证上如实填写，并由党支部负责人签名盖章。

流动党员原所在单位党组织在党员外出后，应通过适当方式与党员继续保持联系，了解党员外出后的思想、工作情况，及时向外出党员通报党组织的重要情况。党员返回后，党组织要认真查验流动党员活动证记载的内容，听取党员汇报外出期间的工作和思想情况，详细了解他们外出期间的表现。通常情况下，党组织每年至少应查验一次外出党员所持的流动党员活动证，使用满三年的，应及时换发新证。党员外出期间如无正当理由，不按规定将流动党员活动证交外出所在地或单位的党组织，且连续6个月不参加党的组织生活，或不交纳党费，或不做党所分配的工作的，应按自行脱党处理。党员私自填写流动党员活动证或弄虚作假的，一经发现，要严肃处理。

第八节　入党时间和党龄计算

一、不同时期的入党时间和党龄的计算

在我们党的历史上，有些时期有预备期，有些时期则没有预备期，有些时期入党时间从党员大会通过之日算起，有些时期入党时间则从党委批准之日算起，情况不尽相同。这样，在不同的时期，党龄的计算就有了不同的情况。

1921年7月1日至1923年6月9日，入党时间为上级党委批准之日，无预备期，党龄同时开始计算。

1923年6月10日至1927年4月26日，入党时间为上级党委批准为预备党员之日（劳动者预备期3个月，非劳动者预备期6个月），党龄从转正之日算起。

1927年4月27日至1928年6月17日，工人、农民、手工业者、店员、士兵入党时间为上级党委批准之日，无预备期，党龄同时开始计算；知识分子、自由职业者入党时间为上级党委批准之日，预备期3个月，党龄从转正之日算起。

1928年6月18日至1945年4月22日，入党时间为上级党委批准之日，无预备期，党龄同时开始计算。

1945年4月23日至1956年9月14日，入党时间为上级党委批准之日；工人、苦力、雇农、贫农、城市贫民、士兵预备期6个月；中农、职员、知识分子、自由职业者预备期1年，其他人员预备期2年；党龄从转正之日算起。

1956年9月15日至1969年3月31日，入党时间为支部党员大会接收为预备党员之日（须经上级党委批准），预备期1年，党龄从转正之日算起。

1969年4月1日至1977年8月11日，入党时间为上级党委批准之日，无预备期，党龄同时开始计算。

1977年8月12日至1982年9月5日，入党时间为上级党委批准为预备党员之日，预备期1年，党龄从转正之日算起。

1982年9月6日至今，入党时间为党员大会通过接收为预备党员之日（须经上级党委批准），预备期1年，党龄从转正之日算起。

二、特殊情况下的党龄计算

（1）受留党察看处分的党员，在他们恢复党员权利之后，其党龄连续计算。

（2）被错误地开除党籍后又恢复党籍的党员，其党龄应连续计算。

（3）因自行脱党、劝退出党、要求退党或被开除党籍而出党的人重新入党后，其党龄以重新入党后转为正式党员之日算起，前段的党龄不能计算在内。

（4）由于多种原因而失掉一段时间党籍的同志的党龄计算，应根据不同情况处理：

①凡经党组织决定恢复这段时间党籍的，其党龄从原被批准为正式党员之日算起。

②被批准重新入党，有预备期的，其党龄从预备期满转为正式党员之日算起。

③按有关文件规定重新入党，没有预备期的，其党龄应从上级党委批准重新入党之日算起，前段党龄不能连续计算。

第九节　党费收缴和使用

一、党费收缴

1. 党员交纳党费的意义

党章规定，年满18岁的中国工人、农民、军人、知识分子和其他社会阶层的先进分子，承认党的纲领和章程，愿意参加党的一个组织并在其中积极工作、执行党的决议和按期交纳党费的，可以申请加入中国共产党。我们党历来都把党员向党组织按期交纳党费，作为党员必须具备的起码条件之一。按期交纳党费，是党员应尽的义务，是对党员党性的检验，也是党员关心党的事业的一种表现。党员交纳的党费不仅可以作为党组织活动经费的补充，给党组织以经济上的帮助，更重要的是可以增强党员的组织观念。每个党员应当增强党员意识，在规定的时间内主动按规定交纳党费。党的基层组织对不按期交纳党费的党员，要及时给予批评教育；对无正当理由，连续6个月不交纳党费的党员，应当按党章规定作出处理。

2. 党员交纳党费的基本要求

党员交纳党费的基本要求主要包括三个方面：

（1）自觉。党员交纳党费应当做到自觉、主动，一般应由本人亲自交给党支部或党小组负责收缴党费的同志。

（2）按时。按照党章要求和有关规定，党员交纳党费一般应当按月交纳，不能无故拖延。如遇特殊情况，经党支部同意，可以预交或补交党费，但预交或补交党费的时间一般不得超过6个月。对无正当理由，连续6个月不交纳党费的，按自行脱党处理。

（3）足额。党员交纳党费应当根据个人的实际收入，按照规定的比例和标准交纳，不准隐瞒收入或减小交纳党费基数少交党费。每名党员月交纳党费数额一般不超过1000元，根据自愿原则可以多交，自愿一次多交1000元以上的，比照交纳大额党费有关规定办理。

3. 按月领取工资的党员交纳党费的计算基数

按月领取工资的党员主要包括党政机关、人民团体、各类企业事业单位中按月领取工资的党员，也包括各类非公有制经济组织、社会组织中按月领取工资的党员。按月领取工资的党员交纳党费的基数包括：机关工作人员（不含工人）的职务工资、级别工资、津贴补贴；事业单位工作人员的岗位工资、薪级工资、绩效工资、津贴补贴；机关工人岗位工资，技术等级（职务）工资，津贴补贴；企业人员工资收入中的固定部分（基本工资、岗位工资）和活的部分（奖金）。列入交纳党费计算基数的津贴补贴是指，根据国家关于规范津贴补贴的有关规定，对各地各单位干部职工普遍发放的规范津贴补贴（工作性津贴和生活性补贴）。

（1）党费计算基数不包括以下项目：个人所得税、养老保险、医疗保险、失业保险、工伤保险、生育保险、住房公积金（含个人和单位缴纳部分）、职业年金、企业年金、住房补贴、交通补贴、公务用车补贴、通信补贴、加班补贴、误餐补贴、取暖费、防暑降温费、物业费等改革性补贴，以及针对少数地区、部分单位、特殊岗位、部分人员发放的津贴补贴。

（2）事业单位党员的绩效工资中的基础性绩效工资应列入党费计算基数，奖励性绩效工资不列入党费计算基数；企业人员党员不定期、非普遍发放的奖金和绩效工资，不列入党费计算基数。

（3）实行年薪制人员党员，每月以当月实际领取的薪酬收入为党费计算基数，不包括前面"（1）党费计算基数不包括以下项目"所明确的个人所得税、"五险三金"等6类18项具体项目。

（4）科研人员党员在促进科技成果转移转化中取得的奖励和报酬，不列入党费计算基数。

（5）离退休干部、职工党员交纳党费以基本离退休费或基本养老金为计算基数，不包括津贴补贴；生活确有困难的，经党支部研究同意，可以少交或免交。

（6）在校全日制学习的硕士研究生、博士研究生党员按学生党员标准交纳党费；在职人员就读硕士、博士按在职人员工资收入的相应比例交纳党费。

4.党员交纳党费计算基数的"税后"的计算

交纳党费计算基数的"税后"是指列入交纳党费计算基数的各项收入之和扣除应缴纳的个人所得税和"五险三金"后的余额。

例如，某企业的党员，某月单位为其发放的工资和各项津贴补贴的项目有职务工资、级别工资、工资改革保留补贴、规范的工作性津贴和生活性补贴，以及住房提租补贴、通信补贴、交通补贴、医疗补贴、住房公积金等。按照

《中国共产党党费收缴、使用和管理的规定》第一条和前面"按月领取工资的党员交纳党费的计算基数"的解释，职务工资、级别工资，工资改革保留补贴、规范的工作性津贴和生活性补贴列入交纳党费计算基数，其他收入项目不列入交纳党费计算基数。上述列入交纳党费计算基数的各项收入之和扣除该党员缴纳的个人所得税和"五险三金"后的余额，即为其税后交纳党费的基数。

5. 党员交纳党费的比例

党员交纳党费的比例为：每月工资收入（税后）（注：指每月交纳党费的计算基数）在3000元以下（含3000元）者，交纳月工资收入的0.5%；3000元以上至5000元（含5000元）者，交纳1%；5000元以上至10000元（含10000元）者，交纳1.5%；10000元以上者，交纳2%。离退休干部、职工中的党员，每月交纳党费的计算基数在5000元以下（含5000元）的按0.5%交纳党费，5000元以上的按1%交纳党费。

例如，某月，党员甲和党员乙交纳党费的基数分别为5100元和4900元，甲交纳党费属于5000元以上至10000元（含10000元）的档次，应按1.5%交纳党费，本月需交纳党费76.5元（5100×1.5%）；乙交纳党费属于3000元以上至5000元（含5000元）的档次，应按1%交纳党费，本月需交纳党费49元（4900×1%）。

6. 列入企业党员交纳党费计算基数的工资收入

（1）固定部分的项目。目前，由于企业人员工资项目没有统一规定，对同类性质的工资项目在不同的企业叫法也不尽相同，因此，列入党员交纳党费计算基数的收入项目，应当按照是否符合"相对固定的、经常性的工资收入"的原则来确定。根据多数企业的做法，"固定部分"是指在企业内职工普遍发放的基本工资、岗位（职务）工资、技能工资、岗位（职务）津贴补贴。

（2）活的部分的项目。"活的部分"是指在企业内职工定期普遍发放的奖金和绩效工资。对于只有特殊岗位发放的津贴补贴（如有突出贡献专家享受的政府特殊津贴、高空、高温作业和有害有毒等岗位发放的保健类补贴），以及社会保险类补贴、住房补贴、加班补贴、误餐补贴、表彰奖励完成某项工程项目有功人员发放的一次性奖金等，不列入党员交纳党费计算基数。

7. 不按月取得收入的党员交纳党费的规定

不按月取得收入的党员是指不拿年薪也不按月领取薪酬的党员，主要包括个体工商户、个体经营者、私营企业主、民办非企业单位出资人、自由职业者等人员中的党员。

对不按月取得收入的个体经营者等人员中的党员交纳党费要按照自觉、主动的原则办理。这些党员能否自觉、主动交纳党费，是衡量他们党员意识和党性强弱的一个重要标志。党员组织关系所在党组织首先要把党员交纳党费的相关规定向党员本人讲清楚，然后由党员本人主动申报上季度月平均收入，自觉参照《关于中国共产党党费收缴、使用和管理的规定》第二条规定交纳党费。

8.实行年薪制人员中的党员交纳党费的规定

对于实行年薪制人员中的党员，不兑现年终绩效的月份，每月以实际领取的薪酬收入核定党费计算基数交纳党费，年内一般不变动；兑现年终绩效的当月，以实际领取的薪酬收入核定党费计算基数，交纳党费超过1000元，可以1000元为交纳限额，自愿多交者不限；党费计算基数中，不包括前面"1.党费计算基数不包括以下项目"所明确的个人所得税、"五险三金"等6类18项具体项目。

例如，某实行年薪制人员党员年薪40万元，其中，基本薪酬为6万元，与绩效挂钩的薪酬为34万元。1月至11月每月领取基本薪酬5000元，则以5000元核定党费计算基数交纳党费；12月份兑现与绩效挂钩那部分薪酬时领取的薪酬和按月领取的薪酬之和为34.5万元，则以34.5万元核定党费计算基数，交纳党费超过1000元，可以1000元为交纳限额，自愿多交者不限。

9.离退休干部、职工中的党员交纳党费的规定

离退休干部、职工中的党员以基本离退休费或基本养老金为计算基数，5000元以下（含5000元）者按0.5%交纳党费，5000元以上者按1%交纳党费。

10.交纳党费确有困难的党员交纳党费的规定

对由于经济困难本人提出申请，或因患病无法正常表达自己的意愿，或者其他特殊情况，交纳党费确有困难的党员，经党支部研究，报上一级党委批准后，可以少交或免交党费。

11.党支部收缴党费应该注意的事项

基层党组织的组织委员或党小组长，在收缴下级党组织或党员的党费时，应当注意以下几个问题：

（1）准确核定党员交纳党费的计算基数和数额。要认真区分每一个党员的

收入构成，不能图省事、嫌麻烦，笼而统之。

（2）党费的收缴必须公开、透明。收缴党员个人党费必须认真填写并出具党费收据，作为党员个人交纳党费的凭证。党支部应当每年至少向党员公布一次党费收缴情况，接受党员监督。

（3）手续必须完备。党小组长、组织委员和专兼职党费管理人员等党费收缴人员，在党费收缴的往来票据上，按规定需由收款人、经手人签字，立卷存档，以备查询；收缴党费要做到账账相符、账款相符。

12.1000元以上大额党费的处理

党员自愿一次性多交纳1000元以上的党费，是指党员按规定比例或标准交纳党费后又交纳1000元及以上额度的党费，多交纳的党费全部上缴中央。具体办法是：由党员所在基层党委代收，并提供该党员的简要情况，通过省、自治区、直辖市党委组织部，中央和国家机关工委组织部，国务院国资委党委组织部，中央各金融机构党委组织部，中国民用航空局思想政治工作办公室，中国铁路总公司党组组织部，中央军委政治工作部组织局转交中央组织部。中央组织部给本人出具有纪念性质的收据。

也可由县级党委组织部将党员交纳的大额党费直接汇入中央组织部党费账户，向中央组织部组织一局上报党员简要情况，中央组织部开具大额党费收据后直接寄送给县级党委组织部。每年年底，中央组织部组织一局向省级党委组织部通报党员交纳大额党费情况。考虑到个人直接汇款给中央组织部无法核实其党员身份等因素，凡个人通过邮局汇款的方式直接向中央组织部交纳1000元以上党费的，中央组织部不予领取汇款，也不开具收据。

二、党费的使用

1.党费使用的原则

党费使用应遵循"统筹安排、量入为出、收支平衡、略有结余"的"十六字"原则。可以从以下几个方面来理解：

（1）注意统筹安排。各级党组织在使用党费时，要对《中国共产党党费收缴、使用和管理的规定》的"五项使用范围"进行统筹考虑，既不要顾此失彼，也不搞绝对平均。要增强使用党费的计划性，使有限的党费发挥最大的效能。

（2）力求收支平衡。一个地区、单位的党员队伍的规模和职业构成具有相对的稳定性,决定了党费收入具有相对的稳定性。因此,对每年能收缴多少党费要做到心中有数,安排全年的党费使用计划应当以本地区、本单位党费实际收缴和留存的党费为依据,做到量入为出、大体平衡。

(3)应当有适当结余。由于有的党费开支往往是无法预知的,所以使用党费应当留有余地,不能全部花光。比如,应对突发的自然灾害,要求各级党组织必须有一定的党费结余,以备用于补助遭受严重自然灾害的党员和修缮因灾受损的基层党员教育设施。这是党费使用和管理的一条基本要求。

另外,使用党费还应做到公开透明。

2. 党费使用的范围

(1)党费必须用于党的活动,主要作为党员教育经费的补充,其具体使用范围包括:

①培训党员。主要用于对广大共产党员进行政治理论、实用技术等方面的培训,以及开展主题教育实践活动所发生的费用,在实际工作中,应着眼于使一个单位、一级党组织范围内的大多数党员或某一类别的党员普遍受益。

②订阅或购买用于开展党员教育的报刊、资料、音像制品和设备。必须是直接用于订阅和购买以党员教育为主要目的的报刊、资料、音像制品和设备,对于冒用党员教育工作的开支不能使用党费。

③表彰先进基层党组织、优秀共产党员和优秀党务工作者。包括购买或制作奖状、荣誉证书、奖牌、奖章、奖品的费用,表彰大会会议资料的印刷费用、会议室和交通工具的租赁费用等,也包括必要的现金奖励费用。表彰应以精神鼓励为主,不提倡过高的物质奖励。

④补助生活困难的党员。包括用于对老党员的定期生活补贴、对生活困难党员的一次性生活补助,以及对老党员、生活困难党员发放慰问物品的费用。

⑤补助遭受严重自然灾害的党员和修缮因灾受损的基层党员教育设施。包括用于直接发放慰问金、救灾物资给受灾党员,修缮基层党组织因灾受损的活动场所、电教设备等教育设施的费用。

(2)在遵循党费使用以上五项基本用途的前提下,以下具体使用项目可以从党费中列支:

①教育培训党员和入党积极分子、基层党务工作者所产生的住宿费、伙食费、交通费、师资费、场地费、资料费、门票费、讲解费等。

②开展"三会一课"、创先争优、党组织换届及党内集中学习教育所产生的会议费等。

③党内表彰所需费用。

④修缮、新建基层党组织活动场所、为活动场所配置必要设施等所产生的相关费用。

⑤编印党员教育培训教材和印制入党志愿书、党员组织关系介绍信、党员证明信、流动党员活动证、党费证（收据）、党员档案等所产生的工本费，以及购买党员徽章、党旗等费用。

⑥党费财务管理中发生的购买支票、转账手续费等相关费用。

上述项目的开支标准，参照财务部门有关规定执行。上级党组织要指导基层党委在留存党费中向党支部划拨一定额度，主要用于订阅党报党刊、开展支部活动等。

使用党费必须符合以上各项规定，不能随意扩大党费使用范围，不符合规定的一律不得开支。需要指出的是，党费仅仅是党员教育经费的补充，完全靠党费来开展党员教育工作是远远不够的，因此，即使是符合使用范围的开支项目，也不能完全依赖于党费开支。

3. 党费使用的审批制度

建立健全党费使用审批制度，是保证正确合理使用党费的重要措施。党费使用审批制度主要应包括三个方面的内容：

（1）明确审批权限。使用和下拨党费，必须集体讨论决定，不得个人或者少数人说了算。请求下拨党费的请示，应当向上一级党组织提出，不得越级申请。

（2）履行审批手续。党费开支的所有票证和单据，要按照审批权限经有关领导同志和经手人签字，证明具体用途方可入账。

（3）严格使用范围。对于不符合党费使用范围的，不得在党费中开支。

第十节　党内统计

一、党内统计工作的基本任务

（1）为党的各级领导机关实施正确决策提供依据。

（2）为编制发展党员工作计划、检查计划的执行情况提供依据。

（3）上级党组织对各级党组织执行党章党规进行检查和监督。

（4）向党代表大会（党员大会）报告党内基本统计资料。

（5）为党的基层组织研究党的自身建设、改进工作提供基础材料。

（6）为党的理论研究、宣传教育等部门做好工作提供依据资料和素材。

二、党内统计工作的对象

党内统计工作的对象是中国共产党党员（包括正式党员和预备党员）、党组织（包括地方和基层党组织），以及调查党内生活情况所涉及的现象等。应当明确的是，党内统计的对象是党员和党组织的总体，通过这一总体反映党内现象的规律和表现。如以横断面的统计数字反映同一时间的党员队伍和党组织的规模、结构分布情况；以时间序列的统计数字，反映党员、党组织在不同时期的发展速度和趋势；以相关的统计数字，反映党内现象的不同特征和联系；以历史、现状对比的统计数字来预测党员、党组织可能发生的变化和未来达到的规模、水平。

三、党内统计工作的范围

党内统计的范围极其广泛，涉及社会各行各业和从中央到地方所有建立党的基层组织的单位。党内统计的对象是充满生机和活力的、发展变化的党员和党组织，这一特点从某种意义上决定了党内统计对象和范围的不确定性。比如，党内统计对象定期报表中，除了党员概况、党的基层组织和党员按行业分布情况表统计截至当年××月××日的所有党员、党组织外，其他统计表均有一些不同的范围和对象。如发展党员情况、预备党员转正情况、出国出境党员概况、党员减少和受其他纪律处分情况、党政领导干部参加党内双重组织生活会情况等统计表，也都依照需要，各有其不同的统计范围和对象。

四、党内统计工作应遵循的基本要求

1. 科学性

党内统计的管理要制度化,党内统计方法要科学实用;统计工作全过程要实事求是。

2. 简明性

统计内容的简明、统计方法的简便、统计报表项目设置的简约、统计指标含义理解和操作的简易。

3. 准确性

数字来源有根有据,调查要求统一规范,统计方法科学实用,基层、基础工作可靠扎实。

4. 快捷性

时效决定统计价值,灵敏反应是统计的特性,预见提高统计效率。

第十一节 党员管理中注意的问题

一、怎样审查转入的入党材料的真实性

做到"三看":一看材料是否齐全,内容是否完整真实。看人事档案中,入党申请书、转正申请书、《中国共产党入党志愿书》、综合政审材料、《入党积极分子、预备党员考察登记表》等材料是否齐全、内容记录是否真实完整。二看培养时间是否符合《中国共产党发展党员工作细则》要求。比如从写入党申请书到确定为入党积极分子的时间、从入党积极分子发展到预备党员的时间,从预备党员到转为正式党员的时间等。履行的手续是否完备,是否符合《中国共产党发展党员工作细则》规定要求等。三看发展党员单位是否符合发展党员的条件,审批单位是否有审批权限等。

二、党员不转移组织关系怎么办

党员因工作变动等原因调离原工作单位的,应随之转移党员组织关系,对不按规定转移组织关系的,应给予严肃的批评教育,限期转移组织关系。对长期不转移党员组织关系,又不参加党的组织生活的,应视其情况,给予必要的党纪处分或作自行脱党处理。

三、如何处理因私出国、去港澳或自费出国留学党员的组织关系

党员出国或出境，其组织关系的办理如下：

（1）短期请假出国或去港澳探亲办理私事的党员，其组织关系仍保留在原单位。

（2）自费出国留学的，在他们学成回国前，党组织关系保留在原单位。

（3）对于出国或去港澳长期定居的党员，在他们出境以后，即停止党籍，其组织关系和档案材料要保存在原单位党委组织部门备查。

（4）党员出国或出境超假（含续假）1年以上者，组织关系保存在原单位党委组织部门备查。

（5）党员出境，本人提出要求退党的，可按党章规定，办理退党手续。

（6）经批准出境定居的预备党员，不再办理转正手续，不保留预备党员资格。

自费出国留学的党员，学成回国后，经组织必要的了解，可以恢复组织生活。如果是预备党员，在国外学习期间表现良好，可按期转正。

第十二节　党员管理中的有关资料

一、组织关系介绍信样式

党员介绍信存根	第　号　　　　　　　　　　　　　　　　　　　　　　　　　　　　　_____同志系中共（预备／正式）党员，组织关系由_____转到_____。 　　　　　　　　　　年　　月　　日	第一联

（贴回执联处）

（加盖骑缝章）

中国共产党党员组织关系介绍信

第　号

_____：
_____同志（男/女），_____岁，_____族，系中共（预备/正式）党员，身份证号码_____，由_____去_____，请转接组织关系。该同志党费已交到_____年_____月。
（有效期　　　天）

（盖章）
年　　月　　日

第二联

党员联系电话或其他联系方式：
党员原所在基层党委通讯地址：
联系电话：　　　传真：　　　邮编：

中国共产党党员组织关系介绍信回执联

第　号

_____：
_____同志的党员组织关系已转达我处，特此回复。
（盖章）
年　　月　　日

第三联

经办人：　　　联系电话：

注：回执联由接收党员组织关系的基层党委在接收党员后一个月内邮寄或传真至党员原所在基层党委。

二、党员证明信样式

党员证明信存根	第　号　　_____同志系中共_____党员由_____去_____。　　　　　　　　　　　　　　　　　　　　　　　年　　月　　日

145

中国共产党党员证明信

第　号

_____：

　　现介绍_____同志系中共_____党员由_____去_____工作（学习），特此证明。

中国共产党　　委员会

年　月　日

第七章　党员教育

第一节　党员教育的基本原则

党员教育是一项系统性工程，把加强党的政治建设摆在首位，积极适应新形式、新要求，坚持继承传统与实践创新相结合，大胆探索，努力创造出更多的新经验和新方法。

一、坚持党性第一原则

坚持把增强党性作为第一要务，将理想信念教育与能力建设贯穿始终，牢记自己的第一身份是党员，第一职责是为党工作，始终遵循党章党规，时刻保持政治上的清醒，提高政治敏锐性和政治鉴别力，把忠诚刻在心里、奉为信念、彰于行动。当务之急，就是要坚持不懈地用习近平新时代中国特色社会主义思想武装头脑，引导党员联系实际，学以致用，把增强党性与提高能力统一起来，讲政治、有纪律、重品行、做表率，始终保持和发展共产党人的先进性。

二、坚持理论联系实际原则

党员教育的目的，是为了解决党员的思想认识问题，提高思想政治觉悟，增强党性。在党员教育的过程中，一定要结合本单位的实际情况开展教育工作。针对党员、群众关心的问题，想了解的问题，包括一些热点、疑点、难点等问题，将党的路线方针政策和上级党组织的要求与本单位实际相结合，开展引导、教育、宣传、解释和帮助工作，从思想上澄清一些模糊的认识，在理论上帮助党员提高。

三、坚持以人为本原则

尊重党员主体地位，根据不同党员身处的岗位，把握党员需求，按需施教，分类施策，在服务中加强教育培训，在教育培训中体现服务，激发党员参加教育培训的主动性、积极性，使全体党员愿意学、学得懂、用得上、用得好，切实增强党员教育的针对性和实效性。

四、坚持改革创新原则

及时总结推广党员教育培训工作的成功经验，适应新形势新任务，创新培训理念，完善培训内容，改进培训方式，整合培训资源，拓宽培训渠道，促使党员教育培训工作向科学化、制度化、规范化方向发展。

五、身教重于言教原则

在党员教育工作中，言教就是通过宣传、报告、党课等形式进行教育；身教就是身体力行，做好表率。所谓身教重于言教，就是党支部负责人要以自己的正确言论去影响周围的党员，还要以自己的模范行为去引导周围的党员，一级做给一级看，一级带着一级干。

第二节　党员教育的基本目标

党员教育的目标，就是让全体共产党员的综合素质不断提高，在各项工作中充分发挥先锋模范作用。立足新时代来看，党员教育要达到的目标主要体现在以下几个维度：

一、理想信念进一步坚定

坚决贯彻和全面执行党的路线、方针和政策，坚持不懈地用中国特色社会主义理论体系武装头脑，自觉树牢"四个意识"，坚定"四个自信"，坚决做到"两个维护"，坚定不移当国有企业改革执行者，团结带领身边员工为完成各项任务而努力工作，"用担当诠释忠诚"在岗位中得到生动实践。

二、党性观念进一步增强

坚决挺起共产党人的精神脊梁，解决好世界观、人生观、价值观这个"总开关"问题，自觉做共产主义远大理想和中国特色社会主义共同理想的坚定信仰者、忠实实践者；自觉尊崇党章、模范践行党章、忠诚捍卫党章，认真履行党员义务，正确行使党员权利。

三、发展改革意识进一步强化

坚决落实国有企业全面深化改革工作，大胆解放思想，更新观念，跳出思维禁锢，说老实话，当老实人，办老实事，针对日常工作中存在的难点问题，以辩证思维改革思维方法，推进各项工作的发展。

四、优良作风进一步发扬

坚决践行全心全意为人民服务的根本宗旨，将群众路线进行到底，坚决反对"四风"，始终保持党同人民群众的血肉联系。大力弘扬理论联系实际的工作作风，端正学风，立足岗位，积极为企业高质量发展建言献策。用好批评与自我批评这个武器，发扬斗争精神，敢于动真碰硬。

五、履职服务能力进一步提高

坚决克服本领恐慌、本领落后、本领不足，干一行、学一行、爱一行、精一行，熟练掌握本职工作的业务知识和科学文化知识，充分发挥自己的聪明才智，努力做本职岗位的行家里手。

六、先锋模范作用进一步发挥

坚决做到"四个合格"，进一步动员全体党员在高质量发展、深化改革、党的建设等工作中更好发挥先锋模范作用。正确处理好局部利益与全局利益、眼前利益与长远利益、个人利益与党和人民利益的关系，诚心诚意为员工群众谋利益。

第三节　党员教育的基本任务

根据《中国共产党党员教育管理工作条例》的要求，党员教育的基本任务内容有以下七个方面：

一、政治理论教育

加强政治理论教育，突出党的创新理论学习，组织党员学习党的基本理论、基本路线、基本方略，学习马克思主义基本原理和党的基本知识，引导党员坚定理想信念，增强党性修养，努力掌握并自觉运用马克思主义立场观点方法。

二、政治教育和政治训练

突出政治教育和政治训练，严格党内政治生活锻炼，教育党员旗帜鲜明讲政治，提高政治觉悟和政治能力，严守政治纪律和政治规矩，永葆共产党人政治本色，做到"四个服从"，在思想上政治上行动上同以习近平同志为核心的党中央保持高度一致。

三、党章党规党纪教育

强化党章党规党纪教育，引导党员牢记入党誓词，坚持合格党员标准，自觉遵守党的纪律，带头践行社会主义核心价值观，培养高尚道德情操，培育良好思想作风、学风、工作作风、生活作风和家风。加强宪法法律法规教育，引导党员尊法学法守法用法。

四、党的宗旨教育

全心全意为人民服务是党的宗旨。加强党的宗旨教育，引导党员践行全心全意为人民服务的根本宗旨，贯彻党的群众路线，提高群众工作本领，密切联系服务群众。

五、革命传统教育

进行革命传统教育，引导党员学习党史、国史、改革开放史、社会主义发展史和中华优秀传统文化，铭记党的奋斗历程，弘扬党的优良传统，传承红色基因，践行共产党人价值观，激发爱国主义热情。

六、形势政策教育

开展形势政策教育，围绕贯彻执行党和国家重大决策、推进落实重大任务，宣讲党的路线方针政策，解读世情国情党情，回应党员关注的问题，引导党员正确认识形势，把思想和行动统一到党中央要求上来。

七、知识技能教育

注重知识技能教育，根据党员岗位职责要求和工作需要，组织引导党员学习掌握业务知识、科技知识、实用技术等，帮助党员提高综合素质和履职能力，增强服务本领。

第四节 党员教育的方法

实施党员教育，必须遵循党员教育规律。坚持在教育中突出党性和思想性，解决好党员的思想入党问题；坚持理论联系实际，讲求针对性和教育实施的目的性；坚持以正面教育、自我教育为主，把党员教育和党员管理结合起来，做到"双管齐下""齐头并进"。

一、深入学好习近平新时代中国特色社会主义思想

习近平新时代中国特色社会主义思想在马克思主义发展史、中华民族复兴史、人类文明进步史上都具有重大而深远的意义。党支部委员要带头学习，在学习中起表率作用，力求掌握精神实质。把用习近平新时代中国特色社会主义思想武装全党作为党员教育的首要政治任务，引导党员充分认识学习贯彻习近平新时代中国特色社会主义思想的重大意义，自觉学懂弄通做实。

（1）组织党员读原著、学原文、悟原理，深入学习领会习近平新时代中国特色社会主义思想的核心要义、基本精神、实践要求，掌握贯穿其中的马克思主义立场观点方法，增强政治自觉、理论自信、情感融入。教育引导党员把学习习近平新时代中国特色社会主义思想同学习马克思列宁主义、毛泽东思想、邓小平理论、"三个代表"重要思想、科学发展观紧密结合起来，不断提高马克思主义思想觉悟和理论水平。

（2）坚持集中教育和经常性教育相结合，组织培训和个人自学相结合，采取集中轮训、理论宣讲、组织生活、在线学习培训等方式，形成习近平新时代中国特色社会主义思想学习教育长效机制，推动党员学深悟透、入脑入心。

（3）弘扬理论联系实际的马克思主义学风，引导党员把自己摆进去、把职责摆进去、把工作摆进去，学以致用、知行合一，提高政治站位，强化责任担当，增强过硬本领，做好本职工作，自觉做习近平新时代中国特色社会主义思想坚定信仰者和忠实实践者。

二、将组织生活制度列为重要的教育方式

党支部应当运用"三会一课"制度，对党员进行经常性的教育。党员按期参加党员大会、党小组会和上党课。开展学习交流、思想交流和工作交流等活动。党员领导干部应当参加双重组织生活。通过主题党日，贴近党员思想和工作实际，组织党员集中学习、过组织生活、进行民主议事和开展志愿服务等。

以组织生活会、民主评议党员开展批评与自我批评，查摆问题，整改落实等进行教育。按照中央部署要求，组织党员认真参加党内集中学习教育，引导党员围绕学习教育主题，深入学习党的创新理论，查找解决自身存在的突出

问题。

三、将党员定期送外培训教育提高思想认识

将党员定期送外参加上级党组织举办的培训班，是党员教育的一种很好形式。结合本单位中心工作和党员实际，确定培训内容和方式。《中国共产党党员教育管理工作条例》规定，党员每年集中学习培训时间一般不少于32学时。上级党组织举办的培训班一般都配备有比较好的教师资源，党员参加学习能系统地了解和掌握党的历史、党的思想理论，接受党性教育，理解透、弄清楚、搞明白党的路线方针和政策，学到更多的科学文化知识。定期送外培训是进行党员思想素质教育的有效措施。

四、针对不同对象采取不同的教育方法

党员教育应区别不同对象，有重点、有步骤地进行。每名党员的职业不同、经历不同、所处环境不同、看问题的角度不同、产生的思想问题也不完全相同。所以，必须在坚持党员标准的基础上，根据不同的对象和特点，有针对性地提出不同要求。比如，对新党员和年轻党员，应重点进行党的基础知识、理想信念和优良传统教育，让他们真正在思想上入党。在教育中要加强调查研究，找准党员的思想脉搏，搞清楚党员在想什么、关心什么、希望解决什么。不回避"热点"，不躲闪难题。

针对老党员的身体、居住和家庭等实际情况，采取灵活方式，进行教育管理服务，组织他们参加党的组织生活，发挥力所能及的作用。对年老体弱、行动不便、身患重病甚至失能的党员，组织活动和开展学习教育不作硬性要求，党支部通过送学上门、走访慰问等方式，给予更多关心照顾。

五、坚持继承与创新相结合

党员教育应坚持继承与创新相结合的方法，采取党员喜闻乐见的形式。党在长期的党员教育工作中积累了非常丰富的经验，也形成了一套行之有效的方法，这些经验和方法应该继承和发扬，并不断注入新鲜的内容。同时，还要根据形式发展的客观要求及党员队伍结构的变化，增强思想性、民主性、开放性和多样性。

坚持鲜明的思想性，就是在重大问题上旗帜鲜明、表里如一，在思想上政治上行动上与党保持高度一致。坚持民主平等，就是要尊重、信任、关心、爱

护党员，平等对待，启发党员的内在积极因素，使思想教育入耳入脑入心。坚持开放式教育，就是不回避在发展改革中的认识问题，提高思想认识境界，增强党员分辨是非能力，提高防腐蚀的免疫力。坚持多样性，就是改变单调、呆板的教育形式，以形象、直观、感染力强的方式开展积极健康、丰富多彩的教育活动。

六、善于运用典型事例和示范岗进行教育

让有理想的人讲理想，让守纪律的人讲纪律，让廉洁的人讲廉洁，让道德高尚的人讲道德，用先进事例启发党员，用模范事例教育党员，通过典型示范、表彰优秀，用各种形式宣传党员的先进事迹，引导广大党员向先进学习。对不遵守党纪党规、违法乱纪的党员，要敢于处理，并在一定范围通报，用他们犯错的事实教育党员。

党支部应当充分发挥党员的先锋模范作用，结合不同群体党员实际，通过树立、学习身边的榜样，设立党员示范岗、党员责任区，开展设岗定责、承诺践诺等，引导党员做好本职工作，干在实处、走在前列，创先争优，在联系服务群众、完成重大任务中勇于担当作为，做到平常时候看得出来、关键时刻站得出来、危急关头豁得出来。

七、建立网络教育

对于点多面广线长、单位比较分散的，可以采用网络和新媒体教育的形式来开展党员教育。建立网络平台在网上开展党员学习教育活动的基层党组织事例比较多。有的党支部依托党员学习教育网络平台，设置党章党规、系列讲话、重要文件和警示案例等板块的学习和资料共享，规定了党员必学的内容和考试的内容等。有的单位拓展党建QQ群、微信群等交流群功能，实现思想交流、技术分享、任务下达和信息传递，给传统的思想政治工作加上网络云端的互补升级，增添了党员教育工作新活力。

八、组织参观学习

组织党员参观学习，也是一种常用而又简便易行的教育活动形式。党员参观学习的内容有：先进单位、先进典型、党建示范点；革命圣地、爱国主义教育基地、遗址和纪念馆；各种内容的展览等。党支部可以结合党员的思想状况，有针对性地选择参观内容，通过参观学习使党员接受更直观、更形象的教育。

九、开展读书活动

中央号召学习强国。在抓好党员政治学习的同时，搞好党员的业余读书活动非常必要。特别是党员队伍比较年轻，文化程度比较高的党支部，可以利用读书活动激发他们的思想和提高业务素质能力。支部定期向党员推荐读书的篇目和内容，阅读经典，通过党支部活动阵地开展的活动或其他方式的活动，让党员交流读书感想、谈读书的体会，不仅能提高党员的思想理论水平、认识水平，还能营造本单位广大党员和员工群众风清气正的良好学习氛围。

第八章　党内监督

第一节　党内监督的意义

党内监督是指各级党组织和广大党员依据党章党规党纪和国家法律法规，对党员和党员干部，特别是各级领导干部的监督，包括自上而下的组织监督、自下而上的民主监督、同级之间相互监督。党内监督是党和国家各种监督中最根本的形式，与有关国家机关监督、民主党派监督、群众监督、舆论监督等结合起来形成监督合力。

党内监督的任务是确保党章党规党纪在全党有效执行，维护党的团结统一，保证党的组织充分履行职能、发挥核心作用，保证全体党员发挥先锋模范作用，保证党的领导干部忠诚干净担当。党章是开展党内监督的根本依据，坚持民主集中制是强化党内监督的核心。

第二节　党内监督的主要内容

党内监督的对象是党的各级组织和全体党员，一切党的组织和党员既是监督者，又是被监督者。进行党内监督不仅是党的各级组织和全体党员的权利，也是党的各级组织和全体党员的义务。党内监督的重点对象是党的领导机关和领导干部特别是主要领导干部。

《中国共产党党内监督条例》明确指出，开展党内监督的主要内容有8项：一是遵守党章党规，坚定理想信念，践行党的宗旨，模范遵守宪法法律情况；

二是维护党中央集中统一领导,牢固树立政治意识、大局意识、核心意识、看齐意识,贯彻落实党的理论和路线方针政策,确保全党令行禁止情况;三是坚持民主集中制,严肃党内政治生活,贯彻党员个人服从党的组织,少数服从多数,下级组织服从上级组织,全党各个组织和全体党员服从党的全国代表大会和中央委员会原则情况;四是落实全面从严治党责任,严明党的纪律特别是政治纪律和政治规矩,推进党风廉政建设和反腐败工作情况;五是落实中央八项规定精神,加强作风建设,密切联系群众,巩固党的执政基础情况;六是坚持党的干部标准,树立正确选人用人导向,执行干部选拔任用工作规定情况;七是廉洁自律、秉公用权情况;八是完成党中央和上级党组织部署的任务情况。

党内监督的8项主要内容既把握了党章党规根本要求,抓住了党内监督的关键,同时又把现阶段亟须解决的突出问题纳入监督内容,增强党内监督的针对性。

第三节　党支部和普通党员的监督作用

一、党支部是党内监督工作的基础组织

党支部是党的基础组织,是落实党的路线方针政策和各项任务的战斗堡垒,是企业固本强基的基石,是基层工作的核心力量,是每个党员学习、工作、活动的基本单位,能够对党员进行最直接、最密切的监督。只有基层监督抓严抓实抓细了,党员、干部才能感到身边就有一把戒尺。

(1)严格党的组织生活,开展批评和自我批评,监督党员切实履行义务,保障党员权利不受侵犯。

①落实"三会一课"等组织生活制度,使党员大会、支部委员会,党小组会、以及党课、主题党日、主题实践活动等各种方式都有实质内容,让组织生活富有战斗性和锋芒。对无故不参加组织生活6个月以上的党员,作自动脱党处理。

②通过组织生活会、民主评议党员形式,开展个人自评、党员互评、民主测评,查摆问题,对照合格党员标准、对照入党誓词,联系个人实际进行党性分析,开展批评和自我批评,让红脸出汗成为党内生活的常态,成为每个党员、

干部的必修课。既深刻剖析和检查自己，开展诚恳的相互批评，又起到对党员的监督作用。

③强化对党员的教育、管理、监督，使全体党员牢记党员享有的权利和承担的义务，切实保障党员权利不受侵犯。同时，监督其切实履行义务，敢于担当，对党负责，对不履行或者不正确履行监督义务的党员，要严肃追究党纪责任。

④以党务公开形式健全和完善党内民主管理载体。落实党员的知情权、选择权、参与权监督权。

（2）了解党员、群众对党的工作和党的领导干部的批评和意见，定期向上级党组织反映情况，提出意见和建议。

全面从严治党要靠全党、管全党、治全党，只有基层党支部发挥党员、群众的监督作用，才能把党内监督真正落到实处。用实用好党务公开，党建工作联系点"三联系"，民主生活会、组织生活会前征集意见建议，谈心谈话等制度办法，发动全体党员共同履行监督职能，鼓励和支持党员讲真话、讲心里话，虚心听取群众意见，鼓励群众多提建议，激发党员关心党的形象、关心党的事业、关心领导干部成长的责任感。要认真执行下级党组织向上级党组织报告制度，总结开展工作的情况及存在的问题，定期如实向上级党组织反映，结合实际提出相应意见和建议。

（3）维护和执行党的纪律，发现党员、干部违反纪律问题应及时教育或者处理，严重的应当向上级党组织报告。

基层党支部要以党章为根本遵循，以党纪为基本准绳，切实加强日常管理监督，把纪律挺在前面，把对党员、干部的管理监督从标准上严格起来，在内容上系统起来，在措施上完善起来，在环节上衔接起来，做到不漏人、不缺项、不掉链，使存在的问题能及时发现，发现的问题能及时解决，解决的问题能举一反三、触类旁通。

二、党支部日常监督教育与组织处理的结合

坚持党员政治标准和基本条件，坚持抓早抓小、防微杜渐，坚持立足教育、区别对待，对在党员日常监督中发现问题的，党支部应该综合考虑问题性质、情节轻重和本人态度，通过提醒谈话、批评教育、限期改正、劝其退党或除名等4种教育管理和组织处置方式，由轻及重，层层递进，既从严要求，又要体现组织关怀。

（1）日常监督。党支部应当通过严格组织生活、听取群众意见、检查党员工作等多种方式，监督党员遵守党章党规党纪特别是政治纪律和政治规矩情况，遵守宪法法律法规和道德规范情况，参加组织生活情况，履行党员义务、联系服务群众、发挥先锋模范作用情况等。

（2）提醒谈话。发现党员有思想、工作、生活、作风和纪律方面苗头性倾向性问题的，以及群众对其有不良反映的，党支部负责人应当及时进行提醒谈话，抓早抓小，防微杜渐。

（3）批评教育。对党员不按照规定参加党的组织生活、不按时交纳党费、流动到外地工作生活不与党组织主动保持联系的，以及存在其他与党的要求不相符合的行为、情节较轻的，党支部应当采取适当方式及时进行批评教育，帮助其改进提高。

（4）限期改正和组织处置。对缺乏革命意志，不履行党员义务，不符合党员条件，但本人能够正确认识错误、愿意接受教育管理并且决心改正的党员，党支部应当作出限期改正处置，限期改正时间不超过1年。对给予限期改正处置的党员应当采取帮助教育措施。

（5）党员具有下列情形之一的，应按照规定程序给予除名处置。

①理想信念缺失，政治立场动摇，已经丧失党员条件的，予以除名；

②信仰宗教，经党组织帮助教育仍没有转变的，劝其退党，劝而不退的予以除名；

③因思想蜕化提出退党，经教育后仍然坚持退党的，予以除名；

④为了达到个人目的以退党相要挟，经教育不改的，劝其退党，劝而不退的予以除名；

⑤限期改正期满后仍无转变的，劝其退党，劝而不退的予以除名；

⑥没有正当理由，连续6个月不参加党的组织生活，或者不交纳党费，或者不做党所分配的工作，按照自行脱党予以除名。

（6）对违犯党纪的党员，按照《中国共产党纪律处分条例》规定给予党纪处分。

三、普通党员是党内监督工作的根本力量

普通党员参与党内监督，是党内法规赋予的权利，也是必须履行好的义务，同时也会产生巨大的力量。只有全党参与，党内监督工作才会搞好，党内才会出现风清气正的良好局面。

（1）加强对党的领导干部的民主监督，及时向党组织反映群众意见和诉求。

党的领导干部是我们党执政活动的主要组织者和管理者，手中的权力是人民赋予的，必须受到党和人民的监督。党员应通过多种方式对领导干部的思想、工作、作风、生活状况进行监督，及时发现领导干部存在的问题和不足，把党的领导干部置于广大党员的有效监督之下。

（2）在党的会议上有根据地批评党的任何组织和任何党员，揭露和纠正工作中存在的缺点和问题。

党员要积极参加党的会议，在会上对党组织和党员工作、生活中存在的缺点错误提出批评，敢于揭短亮丑、动真碰硬，使党员、干部受到教育，使党组织改进工作，充分发挥党的会议统一思想、增强团结、互相监督、共同提高的作用。提出批评意见、指出缺点错误，应当坚持关心爱护、有利工作的立场，尊重事实，有根有据。

（3）参加党组织开展的评议领导干部活动，勇于触及矛盾问题、指出缺点错误，对错误言行敢于较真、敢于斗争。

党员民主评议领导干部，是我们党发扬党内民主、强化党内监督的宝贵经验。党员应珍惜自己的民主权利，本着对党组织负责、对党和人民的事业负责、对领导干部负责的态度，全面、公正、客观地对领导干部的工作进行评议，对领导干部的错误言行敢于批评，不回避矛盾问题。同时，党员应不断提高自身素质，明确监督的目的、任务，熟悉党规党纪，正确监督、依规监督、善于监督。

（4）向党负责地揭发、检举党的任何组织和任何党员违纪违法的事实。

每名党员都要增强组织意识和政治担当，勇于揭发、检举各种违反党纪的行为，要坚持党性原则，强化监督意识，增强政治敏锐性和政治鉴别力，对一切派别活动和小集团活动、搞政治阴谋活动、搞破坏分裂党的政治勾当等严重破坏党的政治纪律和政治规矩、组织纪律的行为保持高度警惕，自觉维护党的

团结统一。党员向党组织揭发、检举违纪违法行为必须是负责任的，要有事实根据，不能歪曲真相，更不允许诬陷、捏造，要按组织原则和程序办事，相信组织、依靠组织，不随意扩散、传播。

第四节 政治纪律基本要求

一、严明政治纪律的重要性

教育、监督党员遵守党的纪律，是党支部的重要职责。党的纪律是党的各级组织和全体党员必须遵守的行为规则，是维护党的团结统一、完成党的任务的保证，主要包括政治纪律、组织纪律、廉洁纪律、群众纪律、工作纪律、生活纪律。每一个共产党员都必须牢固树立政治意识、大局意识、核心意识、看齐意识，对党的纪律心存敬畏、严格遵守，任何时候任何情况下都不能违反党的纪律，坚决同一切违反党的纪律的行为作斗争。

党支部要加强党员纪律教育，强化党员身份意识，要求党员不仅仅要有思想觉悟，更要身体力行，在日常言行中自觉用纪律来约束自己、规范自己，保证在任何情况下，都能做到不越底线，不触高压线，保持共产党员应有的政治本色。

二、党员"九个不准"基本纪律要求

1. 不准散布违背党的理论和路线方针政策的言论

严明党的政治纪律，核心是坚持党的领导，坚持党的基本理论、基本路线、基本纲领、基本经验、基本要求，在思想上政治上行动上同党中央保持高度一致，自觉维护党中央权威，坚决维护党的集中统一领导。在指导思想和路线方针政策及关系全局的重大原则问题上，每一个共产党员必须在思想上政治上行动上同党中央保持高度一致，这不是一个空洞口号，而是一个重大政治原则。对党的决议和政策如有不同意见，在坚决执行的前提下，可以声明保留，并且可以把自己的意见向党的上级组织直至党中央提出，这是党员的权利。但是，党的理论路线方针政策和决定一旦被确立为党的共同意志，所有党员对外就必须用一个声音来说话，而决不允许发出各种杂音、噪音，更不允许专门挑党已有明确规定的主张来说三道四。通过网络等方式公开发表坚持资产阶级自由化

立场、反对四项基本原则、反对党的改革开放决策的文章、演说、宣言、声明等的，将给予党纪处分。

2. **不准公开发表违背党中央决定的言论**

严禁在重大问题上不同党中央保持一致，严禁公开发表反党言论、妄议党中央大政方针，不能"当面不说背后乱说""会上不说会后乱说"，破坏党的集中统一，违反民主集中制原则。通过信息网络、广播、电视、报刊、书籍、讲座、论坛、报告会、座谈会等方式妄议中央大政方针，破坏党的集中统一的，要给予党纪处分。党员和普通公民一样，有权利在网络空间发表评论、转载文章，但必须把握好自身的定位，坚定政治立场，在网络上转载文章时，应先对文章进行甄别，再发布。不能随意转载散布虚假信息、违背中央大政方针政策的文章。对其他人发布的朋友圈文章或内容，也应该仔细辨别，不乱点赞。

3. **不准泄露党和国家秘密**

保守党的秘密，对党忠诚，是党员的誓言，也是党员的基本政治底线和行为准则。信息时代高新科技迅猛发展，窃密手段花样翻新，渗透无孔不入，新的形势和任务对保密工作提出了更高更严的要求。党员必须增强保密意识，筑牢保密防线，确保党和国家安全。实际工作中，利用手机、网络处理公务的情形越来越普遍，也在一定程度上提高了工作效率；但微信、QQ等即时通讯工具的泄密事件时有发生，有的是紧急传达致泄密，有的是汇报工作致泄密，有的是误点误传致泄密，从根本上看，还是当事人漠视保密法律法规，对发生泄密风险心存侥幸。党支部要把保密教育作为一项重要内容，经常提醒党员在工作群内只能交流周知性一般信息，禁止传播一切国家秘密和工作秘密，不能使用微信、QQ传密，发现此类情况还要及时报告有关部门。

4. **不准参与非法组织和非法活动**

自觉维护社会和谐稳定，是每一名党员义不容辞的职责。遇到涉及自身利益和局部利益的问题应当通过正常渠道向上级反映，积极主动做好化解社会矛盾、防控社会风险工作，不准组织、参与、纵容扰乱社会秩序的非法活动，这是对党员提出的底线要求。当前，社会矛盾燃点低、触点多、多发易发，群体性事件在高位徘徊。党员生活在群众之中，身份特殊、影响力大，如果参与群体性事件和非法活动，消极影响更大，对社会和谐稳定的破坏力也更大。《中国共产党纪律处分条例》将党员"未经组织批准参加其他集会、游行、示威等活动""妨碍党和国家的方针政策及决策部署的实施"等行为明确列为应予党纪处分的情形，凸显了对党员干部维护社会和谐稳定方面的严格要求。党支部要督促党员做社会和谐稳定的宣传者、实践者、推动者，在面对个人利益和局部利益受损时，要按照正常渠道向上级反映、寻求解决，而不是通过非法活动向上级施压；在面对群众的利益诉求时，要及时向党和政府反映群众的意见和要求，引导群众依法理性表达合理诉求，而不是无所作为、无动于衷；在面对一些群众的情绪波动时，要耐心细致疏导、严肃认真化解，而不是任其发展甚至鼓动、纵容群众搞非法活动。

5. 不准制造、传播政治谣言及丑化党和国家形象的言论

随着网络、信息技术的飞速发展，特别是微博、微信等新型自媒体的兴起，整个社会进入了"全民传播"的时代，各种谣言、小道消息、丑化党和国家形象的言论不时出现在网络上，呈现出传播速度快、影响范围广、蛊惑性大、隐蔽性强、无意识传播和非理性传播等特征，往往一则小小的谣言，在转发和评论中加倍放大影响力，造成严重的思想混乱，影响群众对改革开放和稳定发展的信心，甚至导致激烈的社会震荡，造成严重的社会政治问题。党支部要教育党员认清网络谣言的社会危害，做到不造谣、不信谣、不传谣，自觉抵制网络谣言，自觉规范在微博、微信等网络空间的言论，时刻保持清醒的头脑，提高对谣言的抵抗力，擦亮自己的眼睛，切忌不负责任地道听途说、捕风捉影地编造传播各类谣言。严禁制造、散布、传播政治谣言，严禁诬告陷害他人，坚决反对和抵制丑化党和国家形象，歪曲、否定党的历史、中华人民共和国历史、人民军队历史，诋毁、诬蔑党和国家领导人、英雄模范等错误言行。

6. 不准搞封建迷信

封建迷信一般是指算命、相面、跳神、测风水等处于较低层次上对神灵鬼怪的信仰，是一种愚昧落后的封建意识和唯心主义的世界观。封建迷信活动毒化社会风气，扰乱社会秩序，严重危害人民身心健康，造成资源、资金极大浪费，给社会主义精神文明建设带来巨大的破坏作用。共产党员是工人阶级的先锋战士，是彻底的唯物主义者，是遵守社会主义精神文明道德规范的模范，不能参加封建迷信活动。每一个共产党员都应当牢固树立唯物主义的世界观，用

科学战胜愚昧,懂得不信仰鬼神是做合格党员的起码条件,增强识别和抵制愚昧落后风俗习惯的能力,在任何情况下都不参加封建迷信组织,带头学习、宣传科学文化知识,移风易俗,弘扬社会新风尚,引导群众树立文明、健康、科学的生活方式。党员参与封建迷信活动,党支部应坚决予以纠正。对组织迷信活动的,给予撤销党内职务或者留党察看处分,情节严重的,给予开除党籍处分;对参加迷信活动,造成不良影响的,视情节轻重给予从警告直至开除党籍处分;对不明真相的参加人员,经批评教育后确有悔改表现的,可以免予处分或者不予处分。

7. 不准信仰宗教

宗教是以相信并崇拜超自然神灵为共同特征的一种社会意识形态和世界观。我国主要的宗教有佛教、道教、伊斯兰教、基督教等。宗教信仰是唯心主义的东西,与马克思主义唯物论尖锐对立,共产党员是彻底的无神论者,应当树立唯物主义的世界观,用马克思主义的世界观认识世界,解释社会现象和自然现象。党员信仰和参加宗教活动,不仅仅是党员个人的信仰问题,而且是一个事关我们党的形象的政治问题,违背党的性质,削弱党组织的战斗力,降低党在群众中的威信,也不利于正确贯彻执行党的宗教政策。对信仰宗教的党员,应当加强思想教育,经党组织帮助教育仍没有转变的,应当劝其退党,劝而不退的,予以除名;对参与利用宗教搞煽动活动的,给予开除党籍处分。信仰宗教或有浓厚宗教情感的人不能发展入党。在信教比较普遍的少数民族聚居地区,要把信教同参加某些民族风俗活动区别开来。对于为了不脱离群众,尊重和随顺本民族的风俗习惯,参加一些传统的婚丧仪式和群众性节日活动的,不应视为信仰宗教或参加宗教活动。

8. 不准参与邪教

党员不能到宗教中寻找自己的价值和信念,更不能步入歧途,堕入邪教,走上不归路。邪教打着宗教、气功或者治病等其他名义的幌子,神化首要分子,宣扬个人崇拜,利用制造和散布迷信邪说、世界末日等手段蛊惑蒙骗他人,组织形式严密,借机敛财,对成员进行精神控制、身体控制,甚至造成一系列的治安问题,影响社会的安定。我国明确认定的邪教组织有法轮功、全能神、呼喊派、门徒会等15个。组织、参加会道门或者邪教组织的,对策划者、组织者和骨干分子，给予开除党籍处分。对其他参加人员，情节较轻的，给予警告或者严重警告处分；情节较重的，给予撤销党内职务或者留党察看处分；情节严重的，给予开除党籍处分。对不明真相的参加人员，经批评教育后确有悔改表现的，可以免予处分或者不予处分。

9. **不准纵容和支持宗教极端势力、民族分裂势力、暴力恐怖势力及其活动**

宗教极端势力是指在宗教名义掩盖下，传播极端主义思想主张、从事恐怖或分裂活动的社会政治势力。民族分裂势力是指从事对主权国家构成的世界政治框架的一种分裂或分离活动的团体或组织。暴力恐怖势力是指通过使用暴力或其他毁灭性手段制造恐怖，以达到某种政治目的的团体或组织。这三股势力的表现形式虽有不同，但本质上都是以宗教极端面目出现，以"民族独立"为目的，打着民族、宗教的幌子，煽动民族仇视，制造宗教狂热，一方面制造舆论，蛊惑人心；一方面大搞暴力恐怖活动，破坏社会安定。在我国，以"东突"组织为代表的极端恐怖势力制造了大量的纵火、投毒、爆炸、袭杀、骚乱、暴乱事件，给社会稳定和长治久安造成了极大的危害。党支部要教育党员充分认清三股势力的险恶用心，维护民族团结、维护社会主义法制、维护人民群众根本利益，严禁挑拨破坏民族关系、严禁组织利用宗教活动反党、严禁利用宗教搞煽动活动，严禁组织、利用宗教势力对抗党和政府。

第九章 组织生活会与民主生活会

第一节 组织生活会的意义

党支部组织生活会是党内组织生活制度内容之一，通过组织生活会开展批评和自我批评，对维护和执行党的纪律，严格党员教育管理监督，切实履行党员义务，保障党员的权利不受侵犯，不断提升基层党组织的组织力都有十分重要的意义。党支部应当严格执行党的组织生活制度，经常、认真、严肃地开展批评和自我批评，增强党内政治生活的政治性、时代性、原则性、战斗性。

第二节 组织生活会的内容

党支部每年至少召开1次组织生活会，一般安排在第四季度，也可以根据工作需要随时召开。组织生活会一般以支部党员大会、支部委员会会议或者党小组会形式召开。组织生活会应当确定主题，会前认真学习，谈心谈话，听取意见；会上查摆问题，开展批评和自我批评，明确整改方向；会后制定整改措施，逐一整改落实。

组织生活会一般结合民主评议党员一并进行。会前，班子成员之间、党员之间要开展谈心谈话，广泛听取群众和服务对象的意见。会上，支部书记要报告一年来党支部工作情况、检查党支部建设存在的问题，班子成员要检查履行职责情况、进行自我批评、开展相互批评。批评和自我批评要联系具体人具体事，不能大而化之、不痛不痒。

第三节　组织生活会的程序

党支部在召开组织生活会之前应有四个方面的准备工作，即确定主题、认真学习、谈心谈话和听取意见。

一、确定主题

召开支部的组织生活会之前首先要确定好主题。所谓"主题"，就是组织生活会的中心思想、主要内容。主题可以根据上级党组织的要求来确定，也可以结合上级党组织要求和本支部的实际情况来确定。组织生活会主题确定以后，将组织生活会召开的具体时间、主要内容和组织生活会的主题思想一同报上级党组织，由上级党组织批准和同意。

主题字数不宜太多，突出主要思想，概括性强，大家能记得住，清晰明了，反映特色特点。

二、认真学习

学习的方式可以由党支部组织支委、党员集中学习、上党课，组织有关人员宣讲等，同时安排党员自学内容。学习要突出重点，结合上级党组织的安排和具体要求来落实。学习的主要目的是增强"四个意识"、坚定"四个自信"，做到"两个维护"，增强党性，将思想进一步统一到党的路线方针和政策上来，同时让党员搞清楚、弄明白党员应尽的义务等。

三、谈心谈话

党支部委员之间，支部委员与党员之间要普遍进行一次谈心谈话，不设支委的谈心谈话活动以党支部书记（副书记）为主进行。谈心谈话要诚恳地听取党员对支部工作和班子成员的意见和建议，注意了解党员工作生活情况、思想状况和心理状态，肯定成绩、指出不足，沟通思想、交换意见，同时采取多种形式征求群众意见。对流动党员、退役军人党员、家庭生活困难党员、身心健康存在问题的党员，以及受到纪律处分或者组织处置的党员等，党支部委员特别是党支部书记要重点谈，表达组织关怀，做好心理疏导，针对思想实际给予帮助和引导。

四、听取意见

组织生活会征求群众意见与民主评议党员时的征求意见一并开展。党支部召开一定范围内的座谈会，选取本单位有一定代表性的干部、群众座谈，听取他们对党支部建设和党员队伍建设的意见和建议。

五、召开组织生活会

党支部召开组织生活会的内容主要有述职、查摆问题、开展批评与自我批评和问题整改落实。党支部委员会可以单独召开组织生活会，也可结合党员民主评议大会一并开展。如果是党支部建设、党员队伍建设、干部队伍建设等方面出现了问题，党支部应及时召开专门的组织生活会。

（1）述职和批评与自我批评。党支部根据党员的人数等，以党员大会、支部委员会会议或者党小组会的形式召开组织生活会。党支部书记代表支部委员会向党员大会述职，党员对党支部的工作、作风进行评议。党员采取个人自评、党员互评的方式开展批评与自我批评。开展批评与自我批评时，要联系具体人、具体事、直接点问题，摆表现。不说空话套话不搞一团和气。

（2）民主评议党员。在完成党员个人自评、党员互评等工作后，党支部主持民主测评。将事先制作好的民主测评表发给党员，以无记名方式填写表格中的内容和栏目，对每位党员进行评价或打分。

（3）组织生活会与民主评议一并开展的程序。根据《中国共产党支部工作条例（试行）》，"民主评议党员可以结合组织生活会一并进行"，可以将组织生活会与民主评议党员一起开展。通过支部委员会会议和党员大会两次会议和三个环节来完成，其程序如下：

①召开支部委员会会议的组织生活会。会议由党支部书记主持，先说明会议的主题思想、意义、目的和要求。

1）支部书记代表支部委员会班子作述职和对照检查发言。支部委员对书记代表支部班子的述职和对照检查开展查摆支部存在的问题和明确整改落实方向的发言。

2）支部书记个人作对照检查、查摆问题和自我批评。其他委员依次对支部书记提出批评意见。对书记的批评与自我批评结束后，书记做简短的表态发言。

3）支委会成员之间开展批评和自我批评、查摆问题。每位支委会成员自我批评、查摆问题结束后，其他成员要依次对其提出批评意见，发言一个批评一个，之后本人要作简短的表态发言。

②召开党员大会。党员大会由党支部书记主持。书记向党员通报支部委员会班子对照检查、查摆问题和整改落实方向的情况。党员开展自我批评，其他党员依次对其提出批评意见，发言一个批评一个。党员人数较多的党支部，可以将自我批评和党员相互批评环节事先放在党小组会上开展。

③对党员进行民主测评。党支部将制作好的《民主测评表》发放给每位党员，党员以无记名方式填写相关内容。

（4）不设支委会的党支部的组织生活会程序。以党员大会的形式来开展。首先是支部书记在党员大会上代表党支部作述职和对照检查、查摆问题发言。党员依次查摆支部存在的问题，提出改进意见；对书记提出批评意见，批评结束后，支部书记作简短表态发言。然后每位党员开展自我批评，其他党员依次对其提出批评意见，发言一个批评一个，之后本人要作简短的表态发言。批评与自我批评结束后，党支部书记要组织对党员进行民主测评。

（5）提出评定意见。支部委员会召开会议，根据组织生活会和民主测评情况，结合党员日常表现，实事求是地为每位党员提出评定意见。不设支委会的党支部以党员大会的方式为每位党员提出评定意见。

六、整改落实

组织生活会后，根据征求群众的意见、建议和会上查摆的问题，支部委员会要制定问题整改措施，党员要作出整改承诺，整改措施和整改承诺要实打实。支部委员会一般半年内要向党员和群众通报班子整改情况，党员每季度要在党员大会或党小组会上报告兑现承诺情况。党支部书记作为支部委员会整改第一责任人，向上级党组织和党员大会述职时，应报告整改措施落实的情况。

第四节 党支部民主生活会

一、民主生活会的意义

中共中央《县以上党和国家机关党员领导干部民主生活会若干规定》中指出，民主生活会是党内政治生活的重要内容，是发扬党内民主、加强党内监督、依靠领导班子自身力量解决矛盾和问题的重要方式。坚持和完善民主生活会制度，对于新时代加强和规范党内政治生活，增强党的自我净化、自我完善、自我革新、自我提高能力，实现党的正确领导，维护党的团结和集中统一，引导党员领导干部牢固树立政治意识、大局意识、核心意识、看齐意识，自觉践行"三严三实"要求，始终做到忠诚干净担当，具有重要作用。

二、民主生活会的会前工作

民主生活会每年召开1次，一般安排在第四季度，因特殊情况需要提前或者延期召开的，应当报上级党组织同意。

（1）确定主题。一般由上级党组织统一确定，或者由领导班子根据自身建设实际确定，并报上级党组织同意。如果是由领导班子根据自身实际确定主题的，党支部主要负责人要主动听取上级党组织意见，并组织领导班子成员对一年来的思想和工作情况进行回顾和总结，在此基础上确定民主生活会的主题。如果上级党组织有要求但不需要统一的，则按要求的精神，结合本单位实际情况确定主题。民主生活会的具体时间、主题思想和会议方案，都需要提前10天报上级党组织审核同意。

（2）组织好学习。为开好民主生活会奠定思想基础，针对存在的主要问题，组织党员领导干部学习马克思列宁主义、毛泽东思想、邓小平理论、"三个代表"重要思想、科学习发展观和习近平新时代中国特色社会主义思想相关内容，认真学习党章党规和党的创新理论及有关文件，提高思想认识，把握标准要求。集中学习时间不少于一天。领导班子的每个成员都要认真阅读规定篇目。

（3）征求意见。征求党员、干部和群众的意见建议，并如实向领导班子及其成员反馈。在民主生活会召开之前，要在一定范围内通报会议的时间和主题，听取党员、干部和群众意见建议。对群众提出的意见要"原汁原味"地由党支部主要负责人如实反馈给本人，并向上级报告。

（4）撰写对照检查材料。撰写领导班子对照检查材料和个人发言提纲，查摆问题，进行党性分析，提出整改措施，并按规定说明个人有关事项。党支部主要负责人牵头研究起草领导班子的对照检查材料。

个人对照检查材料一般由六个方面组成：一是遵守党章，坚定理想信念，贯彻党的理论路线方针政策，执行党的政治纪律和政治规矩，维护党中央权威情况，以及执行上级党组织决策部署等的情况。二是加强领导班子自身建设，贯彻民主集中制，严格党的组织生活制度，维护领导班子团结，发挥班子整体功能的情况。三是正确行使权力，坚持科学决策、民主决策，坚持依法合规管理，履职尽责、担当作为，促进经营管理提质增效、推进企业改革发展的情况。四是带头践行社会主义核心价值观，大力弘扬优良传统，艰苦奋斗、开拓进取的情况。五是践行党的群众路线，密切联系群众，深入调查研究，关心员工生产生活的情况。六是带头遵守党纪党规，注重家庭、家教、家风，加强自身严格要求，遵纪守法、廉洁自律，以及履行全面从严治党主体责任和监督责任，加强党风廉政建设和反腐败工作的情况。个人对照检查材料要根据每年上级党组织所要求的内容来撰写。

受到批评教育、诫勉谈话和纪律处分的，应当在民主生活会上作出深刻检查，并在对照检查材料中说明整改情况。

（5）开展谈心谈话活动。开展谈心谈话活动，坦诚交流思想。党支部委员会成员之间互相谈心谈话，交流思想，交换意见，并与分管单位（部门）主要负责人、党支部党员代表谈心，也应当接受党员、干部约谈。在谈心谈话过程中，要对一年来的思想状况作出适当评价，肯定成绩，涉及领导班子成员之间的一些问题，做好思想沟通，班子成员间相互谈心交心，增进了解，互相帮助，化解矛盾，加强团结。

三、民主生活会程序

（1）民主生活会到会人数必须达到应到会人数的三分之二以上，缺席人员应当提交书面发言材料。

（2）民主生活会由党支部主要负责人主持，一般按以下程序进行：

①通报上一次民主生活会整改措施落实情况和本次民主生活会征求意见情况。

②党支部主要负责人代表领导班子作对照检查。

③领导班子成员逐一进行对照检查，作自我批评，其他成员对其提出批评意见。

④党支部主要负责人总结会议情况，提出整改工作要求。

（3）会上，上级党组织参会人员对民主生活会情况进行指导和点评。

（4）会后，将会议情况和批评意见转告缺席人员。

四、民主生活会的会后工作

（1）民主生活会结束后15日内，应当将会议情况报告、会议记录、领导班子的对照检查材料及班子成员个人有关发言材料报送上级组织人事部门和纪检机构。会议情况报告主要包括征求意见情况、开展批评和自我批评情况、检查和反映出的主要问题及整改措施。

（2）民主生活会应当切实解决问题，对检查和反映出来的问题，领导班子及其成员应当制定整改措施，确定整改目标和完成时限。对群众反映强烈的突出问题进行专项整治。需要上级党组织帮助解决的，应当及时向上级党组织报告。

（3）在民主生活会上提出的重要问题，党组织没有及时研究解决和向上级党组织报告的，应当追究党组织主要负责人责任；造成严重后果的，依纪依规严肃处理。

（4）民主生活会召开情况应当向本单位通报。对于群众普遍关心问题的整改措施应以适当方式公布。

五、民主生活会应注意的问题

1. 什么情况下应当专门召开党支部民主生活会

领导班子遇到重要或者普遍性问题，出现重大决策失误或者对突发事件处置失当，经纪律检查、巡视和审计发现重要问题，以及发生违纪违法案件等情况的，应当专门召开民主生活会，及时剖析整改。

2. 如何保证党支部民主生活会质量

会前主要领导要同其他支部委员交心通气，听取他们的意见，对领导班子的基本情况及存在的主要问题要有一个正确的估价，包括了解和掌握每位领导成员的思想状况、工作情况等。

会上应当直面问题，坚持党性原则。支委成员应当在会上把自身存在的突出问题说清楚、谈透彻，开展批评和自我批评，明确整改方向。自我批评应当联系实际、针对问题、触及思想。相互批评应当开诚布公指出问题，防止以工作建议代替批评意见。对待批评意见应当有则改之、无则加勉，不搞无原则纷争，也不搞一团和气。批评和自我批评的具体意见，不得随意散布。

支委成员发言结束后，主要负责人要对民主生活情况进行讲评，引导班子成员针对会上检查出来的问题提出整改措施。

3. 报送党支部民主生活会情况报告和会议记录时应注意的问题

党支部民主生活会结束后 15 日内，应当将会议情况报告、会议记录、领导班子的对照检查材料及班子成员个人对照检查材料报送上级组织人事部门和纪检机构。会议情况报告主要包括征求意见情况、开展批评和自我批评情况、检查和反映出的主要问题及整改措施。

报送民主生活会情况报告应注意以下问题：一是要说明召开民主生活会的时间、列出参加会议人员和缺席人员名单，并说明缺席原因；二是报告民主生活会和主要议题、开展批评与自我批评的情况、检查出来的主要问题、民主生活会的主要收获等；三是要报送针对存在问题提出的改进措施。

报送会议记录需要注意的问题：一定要报送原始记录。会议记录人员要尽量完整地记录与会人员的发言，特别是对一些重要问题要记录清楚。会议记录字迹清晰的可以直接复印上报，不够清晰的应打印上报（附会议原始记录）。缺席人员的书面发言应一并上报。

第五节　民主生活会个人对照检查材料实例

××××年度民主生活会个人对照检查材料

×××

（××××年×月×日）

按照××××党委对此次召开民主生活会的具体要求，在征求相关单位和部分员工意见的基础上，结合××××年度民主生活会和"两个主义"专题民主生活会主题，联系个人思想和工作实际情况，现在做个人对照检查。

一、××××年度整改措施落实情况

按照统一要求部署，我在××××年度民主生活会中共查摆出 6 个方面问题，对照查摆的问题，坚持问题导向，制定落实 5 条整改措施，并均已整改到位。

1. 在学习贯彻党的十九大精神方面

整改情况：继续抓好十九大精神的学习贯彻，深刻领会习近平新时代中国特色社会主义思想的历史地位和丰富内涵，不断提高政治站位，不断提高理论水平和党性修养，切实把履职责任贯彻落实在××××党委的意图主张和部署谋划中。努力做到学用结合、学用相长，学好新时期信息化条件下企业经营管理的新知识，全力以赴抓好企业管理提升、改革创新、增收创效等工作。

2. 在认真执行党中央决策部署和集团公司党组、公司党委决议决定方面

整改情况：认真执行党中央决策部署和××××党委决议决定，坚持请示报告制度，工作中的重大问题及时请示报告，处置突发情况事后及时报告，个人有关事项按规定程序向党组织请示报告。严格遵循组织程序，重大事项上不超越权限办事，不搞先斩后奏，不搞以人划线，自觉接受组织安排、组织监督和纪律约束。牢固树立"四个意识"，坚定做到"两个维护"，守纪律、讲规矩，对自工作敢于负责，攻坚克难，不回避矛盾，以钉钉子精神抓落实。

3. 在对党绝对忠诚方面

整改情况：坚持党的基本理论和基本路线不动摇，始终以高度的政治自觉和行动自觉，维护以习近平同志为核心的党中央权威，在政治立场、政治方向、政治原则、政治道路上同以习近平同志为核心的党中央保持高度一致，始终保持清醒的头脑，时刻警惕脱离群众的倾向，不忘初心、牢记使命，全心全意为人民服务。

4. 在担当负责、攻坚克难方面

整改情况：深刻把握公司高质量发展各项工作部署，在公司党委的统一领导下，进一步发挥拼搏奋斗精神，结合公司实际，组织××××系统全体员工真抓实干，提出新思路、新方案，拿出新举措、新办法，切实抓好考核指标对接、重大项目任务分解、投资计划实施等重要工作，做到了经营管理合规、总体运行顺畅，完成上级和公司交办的各项任务，公司全面完成下达的各项经营指标。

5. 在纠正"四风"方面

整改情况：坚持标本兼治，对照中央和上级关于改进工作作风、厉行勤俭节约的最新要求，始终保持清醒的头脑，牢固树立全心全意为人民服务的思想，

树立为党为人民无私奉献的精神。生活上，艰苦朴素，勤俭节约，不奢侈浪费，不追求享受，带头管好自己、亲属，重视家教，纯正家风，立好家规，自觉接受党内监督和群众监督。工作中，深入实际，联系群众，进一步转变工作作风、强化服务意识，带头执行办公用房、住房用车、交通、工作人员配备等管理规定，做到身体力行、求真务实、言行一致。

6.在严格执行廉洁自律准则方面

整改情况：牢记"两个务必"，带头遵守《廉政准则》《国有企业领导人员廉洁从业若干规定》和公司党委一系列关于加强反腐倡廉建设的部署和要求，严格贯彻落实八项规定精神和××××党委实施细则各项要求，始终把纪律和规矩挺在前面，划清"公"与"私"，明确"义"与"利"，没有出现"车轮上的铺张""人情消费"、职务消费等问题。坚持从严治党，自觉改进调查研究、改进新闻报道、厉行勤俭节约、反对特权，自觉接受党内监督和群众监督，没有违纪违法情况发生。

二、个人学习及作风建设情况

我始终以习总书记系列重要讲话、新时代中国特色社会主义思想和党的十九大精神为切入，学习了《习近平谈治国理政》第二卷关于推动全面从严治党向纵深发展的相关内容，《县以上党和国家机关党员领导干部民主生活会若干规定》《关于提高民主生活会质量的有关规定》，以及《全国宣传思想工作会议主要精神》等重点内容，自觉用其武装头脑、指导实践、推动工作，在学习中不断完善，在学习中掌握规律，在学习中提升能力，进一步激发了工作干劲和工作激情，个人政治、纪律、作风更加过硬，为公司高质量发展贡献自己的责任担当。

三、存在的主要问题及原因分析

1.思想政治方面

（1）学习紧迫性不够。自身学习方面还存在"浅尝辄止"重形式轻效果的情况，缺乏学习紧迫意识，只顾抓实际工作，忽视了理论对实际工作的指导作用。

（2）学习系统性不够。在学习党的十九大精神，深刻领会习近平新时代中国特色社会主义思想的历史地位和丰富内涵的过程中，还感到存在学习缺乏连续性、系统性、全面性，专业系统的学习仅仅参加了公司党委中心组学习以及

××××国资委党委组织的一次业务培训。

（3）学习深度不够。另外一些政策文件和理论文章的学习也不够深入，没下大力气与时俱进提升自身的思想理论水平，对一些热点、难点、焦点问题，缺乏深层次的思考。

（4）思想观念还需提高。由于未能做到系统性的做好政治理论学习，在其精神实质的融会贯通上又不求甚解，因而用理论指导实践方面还存在差距。这些都还需要在主观认识上进一步提高，加强对更新知识的紧迫性和必要性的认识。

2. 精神状态方面

（1）作用发挥不够。在把握和落实公司高质量发展各项工作部署方面，仍然存在只关心分管的领域，对不直接分管但对全局影响较大的工作领域发表意见不主动、不充分，有"随大流"的情况，对于民主决策制度上作用发挥不够充分。

（2）重安排轻落实。存在工作重安排轻落实的情况，对分管业务工作要求多，督促少，安排多，检查少，以会议落实会议、文件落实文件的现象没有根本改变，××××年分管的××部门发文65份，较17年发文35份，增幅近一倍。

3. 工作作风方面

（1）"一岗双责"落实不够。存在"一岗双责"落实上还不够到位的情况，例如全年仅参加了一次××××党支部会议，对支部党员也仅仅利用支部会议的形式上了一堂党课。

（2）对基层员工的沟通交流不够。存在有的基层同志工作出现失误时，很少进行深入细致的思想沟通，深挖思想根源，以致有的同志出现小错不断的情况。对××××部门的业务人员以及基层单位的从业人员的业务指导不够，各单位管理水平参差不齐的现象没有得到根本解决。

针对自己存在的不足，我深入具体地进行了党性分析，主要还都聚焦在思想这个"总开关"问题上。

①存在对自身建设的重要性认识不足。认为只要把自己的本职工作做好就行，细枝末节无关大局。因而政治理论学习力度和系统化程度不够，导致自己

的思维层次和认知水平还需进一步提升，还不能满足当前高质量发展需要。工作前瞻性、创新性还有待加强，主动把握市场趋势、引领发展方面还存在措施不实、办法不多。

②存在对加强党性锻炼的紧迫性认识不足。党性锻炼不够经常，经常照镜子、时常正衣冠等方面做得不够好，没有真正做到勤修、真炼，自我省察、自我净化、自我完善、自我革新方面还有差距，这些是在一定程度上造成自己工作作风、形式主义等方面还有差距的关键原因。

③存在对加强个人修养的主动性认识不足。随着年龄的增长和工作经历的增长，个人修养存在"松劲"现象，对自己的要求不如以前那么高标准、严要求了，慎独、慎思、慎微、慎行的精神有所弱化。

四、个人努力方向和改进措施

我将进一步严格按照党中央和公司党委各项要求，从以下五个方面完善和提高。

1. 加强学习，进一步增强行为自觉

政治上搞明白了，思想上才能领会到位，行动上才能贯彻到位。继续深入学习贯彻习近平新时代中国特色社会主义思想和党的十九大精神，把牢政治方向、站稳政治立场、坚持政治原则、坚定政治道路，切实增强"四个意识"、坚定"四个自信"，抓住"八个明确""十四个坚持"这个核心，在学深悟透做实上下功夫，坚决维护习近平总书记的核心地位，切实用习近平新时代中国特色社会主义思想武装头脑、指导实践。

2. 坚定理想，进一步提高党性修养

坚定理想信念，坚守共产党人精神追求，始终是共产党人安身立命的根本。始终牢记"两个务必"，自觉践行"三严三实"，针对党性观念上存在的薄弱环节，进一步加强党性锻炼，加强主观世界改造，解决好世界观、人生观、价值观这个"总开关"问题。

3. 强化执行，进一步做好改革创新

提高思想站位，围绕保障国家能源安全和建设世界一流综合性能源公司这一目标，树立目标导向，创新思维，更新观念，用新思维、新理念来引领业务工作。牢固树立高质量发展意识，坚决落实××××党委各项决策部署，攻坚克难，以守土有责、守土尽责的责任担当，不断开拓创新、锐意进取，切实提升履职能力，为企业发展提供有力保障。

4.牢记使命，进一步改进工作作风

牢固树立"为人民服务"的公仆意识，坚持做到深入一线、深入基层、深入实际，尽量选择到困难多的单位去，掌握基层员工工作情况和思想动态，听取基层单位开展工作存在的困难和问题，进一步推动基层工作高质量发展。进一步转变工作作风，增强责任意识、执行意识、效率意识，不断加强自身建设，着力提升服务质量和水平，确保企业各项决策部署得到及时贯彻落实。

5.严于律己，进一步增强纪律意识

进一步认真落实"一岗双责"，把党风廉政建设工作有机融入业务工作各方面、各环节，与业务工作同部署、同检查、同落实，加强对分管人员的教育、管理和监督，督促其严格遵守廉洁从业各项规定。以钉钉子精神贯彻中央八项规定和公司反腐倡廉各项要求，坚决纠正职责范围内的"四风"问题，自觉改进调查研究、厉行勤俭节约、反对特权，营造良好的干事创业环境。

五、本人重大事项报告及组织约谈函询等情况

1.个人事项报告

按照个人有关事项报告中规定的第三条所列事项以及本人、配偶、共同生活的子女持有房产情况，配备公务用车、办公用房情况，本人健康情况，与上年度个人事项报告有变化。

变化情况说明：女儿×××，因工作需要由××××公司调动到××××公司工作。

2.上级组织函询情况

无。

3.是否存在管辖范围内有名贵特产类特殊资源，是否存在以权谋私、利益输送等问题

没有利用名贵特产类特殊资源谋取私利的问题。

以上是我个人的对照检查，恳请领导和同志们批评指正。

第十章 民主评议党员

第一节 民主评议党员的目的和方法

一、民主评议党员的目的

是对党员进行教育、管理、监督,提高党员素质,坚定理想信念,增强党性,严格党的组织生活,开展批评和自我批评,维护和执行党的纪律,监督党员切实履行义务,保障党员的权利不受侵犯的一项措施。就是按照党章规定的党员条件,通过自我评价、民主评议和组织考核,检查和评价每个党员在坚持党的基本路线的实践中,发挥先锋模范作用的情况,并通过组织措施,达到激励党员、纯洁组织、整顿队伍的目的。

二、民主评议党员的方法

《中国共产党支部工作条例(试行)》规定,党支部一般每年开展1次民主评议党员,组织党员对照合格党员标准、对照入党誓词,联系个人实际进行党性分析。主要方法是党支部召开党员大会,按照个人自评、党员互评、民主测评的程序,组织党员进行评议。

党员人数较多的党支部,个人自评和党员互评可以在党小组范围内进行。党支部委员会会议或者党员大会根据评议情况和党员日常表现情况,提出评定意见。民主评议党员可以结合组织生活会一并进行。民主评议党员是在党委的领导下,以党支部为单位进行,每年开展一次。

第二节　民主评议党员的原则

民主评议党员要坚持以下原则：

第一，实事求是原则。民主评议党员必须以实事求是为依据，是什么问题就是什么问题，既不降低党员标准，又不苛刻、过高要求。既坚持党员标准，严格要求，又不能上纲上线、乱戴帽子、蓄意整人。

第二，民主公开原则。发扬民主，尊重党员的民主权利，让党员充分发表意见，并认真听取党内外群众的评议意见。对不合格党员的处理意见要与本人见面，并允许其申辩。

第三，坚持平等原则。党员在评议标准面前人人平等，无论老党员，还是新党员，无论是普通党员，还是党员领导干部，都要一视同仁，严格要求。谁不具备党员标准、不起党员的先锋模范作用，谁就不是合格党员；谁违反了党的纪律，谁就应当受到党的纪律处分。

第三节　民主评议党员的基本内容

按照党章规定的党员条件和标准，中央和企业在新时代对党员的思想政治建设和作风建设的要求，党员在本单位生产、经营、科研、管理等方面发挥先锋模范作用的现实表现，确定民主评议党员的基本内容如下：

第一，表现在思想政治方面的内容。是否具有马克思主义信仰，中国特色社会主义信念和远大的共产主义理想。对党忠诚老实，在思想上政治上行动上与党中央保持高度一致。党性观念强弱，体现在政治上是否具有先进性。

第二，表现在发挥先锋模范作用方面的内容。是否在本单位的生产、经营、科研和管理等工作中，勤勤恳恳、兢兢业业、尽职尽责、扎扎实实、勇于奉献、敢于创新，技术能力强，工作质量好，工作效率高；工作业绩是否突出；在生产、工作、学习和社会生活中是否起先锋模范作用。

第三，表现在遵纪守法方面的内容。是否严格遵守党的纪律，遵守国家和政府的法律法规，遵守企业的规章制度。是否坚决执行党的决议，遵守上级党组织的指示精神、规定和要求等。

第四,表现在群众路线方面的内容。是否牢记全心全意为人民服务宗旨,密切联系群众、心系群众、关心群众;是否践行党的群众路线,群众观念强,从群众中来、到群众中去,尊重群众意见、保障群众权利;是否维护群众利益,吃苦在前,享受在后,解决群众工作、生活中的实际问题和困难;是否廉洁自律、艰苦奋斗、克己奉公。

第五,表现在道德品质方面的内容。是否自觉遵守社会公德、社会主义道德和社会行为规范,社会主义核心价值观意识强,公平正义,诚信守信。

第四节 民主评议党员的步骤

总的来说,民主评议党员就是党支部召开党员大会(或党小组会),按照个人自评、党员互评、民主测评的程序,组织党员进行评议。在实践中,党支部人数较多的,个人自评和党员互评工作,一般放在党小组会进行。采用在党小组范围内进行个人自评和党员互评的方式,时间和参加人员都容易集中。民主评议党员有两个阶段,即评议准备阶段和评议实施阶段。

一、民主评议准备阶段

这一阶段主要内容有3项:组织学习教育、党员准备自评提纲、征求群众评议意见。

(1)组织学习教育。根据上级党组织的要求,党支部要安排党员大会集中学习或党小组会学习党章,马克思列宁主义、毛泽东思想、邓小平理论、"三个代表"重要思想、科学发展观和习近平新时代中国特色社会主义思想,上级党组织的要求和文件精神等。一方面提高党员对评议工作的认识,使每位党员明确评议的目的、意义和要求,提高党员参加民主评议的自觉性和积极性;另一方面,通过学习,对党员进行党员标准的教育,使每位党员能明确新时代合格党员的标准是什么,为下一步评议做好准备。

(2)党员准备自评提纲。为保证评议的质量,不走过场,应提前告知党员准备个人自评的发言提纲和交予支部的个人总结,做好党员互评的思想准备。

(3)征求群众评议意见。党支部可召开一定范围内的群众座谈会,选取本单位比较公正、有一定代表性的干部、群众座谈,听取他们的意见,让群众对党员的表现进行评价；也可采取问卷测评与座谈会相结合方式征求群众意见。

二、民主评议实施阶段

这一阶段主要有4项内容：党员个人自评、党员互评、民主测评、支部提出评定意见。

（1）党员个人自评。在学习讨论的基础上，组织党员对照党员标准，围绕评议内容，认真总结自己的思想、工作、学习、纪律、作风等方面的情况，肯定成绩，找出差距，在是否合格上进行自我评定，作出符合实际的自我评价。

（2）党员互评。党员在会上进行个人总结和自我评价后，组织党员进行互相评价。互评中要认真开展批评与自我批评，是非分明，敢于打破情面，触及矛盾和问题。

（3）民主测评。支部事先制作出民主测评表，党员以无记名方式填写表格中的内容和栏目，对每位党员进行评价或打分。民主测评一般需召开党员大会来开展测评工作。

（4）支部提出评定意见。支部委员会会议或者党员大会根据评议情况和党员日常表现情况进行综合分析，形成组织上的评定意见。党支部评定意见要客观、公正、全面、准确，结合党员日常工作和思想表现，按照"优秀、合格、基本合格、不合格"进行评定，并将评议意见向党员反馈。

第五节 民主评议党员的后续工作

民主评议工作结束后，支部要作总结，要对群众评议反映出来的问题加以整改。对大家公认表现优秀的党员，党支部应通过口头和书面方式进行表扬；对表现突出的，应报上级党组织给予表彰；对良好和合格的党员给予鼓励；对不合格党员，认真调查了解，按照有关政策，区别情况进行处置。

第六节 民主评议党员需要注意的问题

民主评议党员的目的是激励党员在生产、工作、学习和社会生活中起先锋模范作用，提高党员队伍综合素质，打造政治素质优、岗位技能优、工作业绩优、群众评价优的党员队伍。所以，思想政治、能力素质、敬业精神、道德品德等现实表现应作为重点。

第一，制订好民主测评的标准。测评标准要根据党章的条件标准、上级党组织的要求和本单位的工作实际来制订。标准太宽，测评的结果不能真实反映党员的实际表现，没有档次之分，可能会出现一团和气。

第二，评议过程中重点抓好学习教育、个人总结、征求群众意见、党员互评、组织评定和总结整改等环节工作。

第三，确定不合格党员应掌握好尺度。不合格党员是指那些丧失马克思主义信仰、中国特色社会主义信念、共产主义理想，信仰其他宗教或参加非法组织，经党组织说服教育而不悔改的；不履行党员义务、组织纪律性差、党性差；不按规定交纳党费；不参加组织生活；不做党组织分配的工作；思想上、政治上和行动上不与党中央保持一致；不遵守党内规定规矩；宗旨观念差，利用职权为个人谋私利，损害群众利益，在群众中造成不良影响；敬业精神差，消极怠工，工作敷衍了事，长期不完成工作任务；以及其他违反社会道德或法律法规的，等等。

还要区别是党组织责任还是党员自身原因，如因组织管理涣散、不健全或教育不够而导致党员不履行义务的情况；区别是主观原因还是客观原因，如因经验不足导致工作上的失误等；区别愿意接受组织教育还是屡教不改的情况等。

第七节 民主评议党员工作实例

××××党支部民主评议党员测评表实例

民主评议党员测评表

被评议人： 评议时间： 年 月 日 综合评议得分： 评级：

考核项目	分值	工作要求	量化及考核标准	自评	四优考评	民主评议	支部评议
政治素质优	20	带头学习党的理论，坚决贯彻党的路线方针政策，顾全大局，对党忠诚，具有坚定的共产主义理想信念和正确的世界观、人生观和价值观。（4分）	思想政治素质不高，理想信念、责任意识淡化的扣1～4分。				
		讲党性、讲原则，积极参加党组织活动，坚持参加"三会一课"，每年至少向党小组汇报自己的学习、工作情况一次。（4分）	党性观念不强，不按要求参加"三会一课"和组织活动，每少1次扣1分；不及时、主动交纳党费的扣1分，不主动汇报，缺一次扣1分。				
		践行"三严三实"，作风正派，注重个人言行，自觉维护党的形象。（4分）	公共场合言行放纵、是非观念差、有损党员形象，视情节扣1～4分。				
		组织纪律观念强，严格执行党的纪律，自觉遵守党纪国法和廉洁自律规定。（4分）	不遵守规章制度，发生不廉洁行为每次扣1～4分；情节恶劣，造成严重后果者，按党纪、政纪条例给予处分。				
		自觉履行党员的义务，工作有激情，勇于奉献，集体荣誉感强，执行力强，思想觉悟高于一般群众。（4分）	不认真履行党员义务，工作责任心、工作态度、工作作风、执行力和集体荣誉感差扣1～4分				

续表

考核项目	分值	工作要求	量化及考核标准	自评	四优考评	民主评议	支部评议
岗位技能优	30	具有强烈的事业心和责任感，自觉遵守岗位规程。综合岗位技能强于一般群众。(6分)	事业心不强，不安心本职工作，不服从工作分配扣1～3分。违反规程一次扣1～3分。				
		牢固树立精细管理的理念，认真参加本部室（班组）安全学习和安全活动，党员所在部室（班组）未发生责任事故和上报事故。(6分)	缺席安全学习和安全活动，每次扣1分；所在部室（班组）发生一起责任事故，责任人扣6分，本部室（班组）党员每人扣3分。				
		带头学习企业管理、专业技术和操作技能，熟练掌握本岗位的各项业务技能，善于解决工作中的疑难问题，各种培训考试成绩优良。(6分)	无正当理由不参加相关培训每次扣1分，培训考试不及格的每次扣2分；业务素质差，难以适应工作岗位要求，不能有效履行职责扣2分。				
		认真履行本岗位《安全环保责任书》《反违章六条禁令》，牢固树立"我的岗位我负责"的安全理念。(6分)	履职差，安全意识淡薄扣1分，出现"三违"行为的每次扣2分。				
		认真发现、处理、上报各类安全隐患。(6分)	责任心不强，对"三违"行为隐瞒、包庇，不及时纠正的每次扣2分。				

第十章　民主评议党员

续表

考核项目	分值	工作要求	量化及考核标准	自评	四优考评	民主评议	支部评议
工作业绩优	30	爱岗敬业、勤奋工作，在急难险重任务中奋勇当先，起好表率作用。（5分）	表率作用差，纪律观念差，出现迟到、早退的，每发现一次扣1分。				
		自觉维护企业的稳定，努力构建企业与员工，企业与社会的和谐。（5分）	对影响企业和谐、稳定的事件不劝阻、不及时汇报，扣1~5分。				
		党员所在部室（班组）全面完成业绩考核指标，成绩突出。（5分）	所在部室（班组）未完成业绩考核指标，扣1~5分。				
		党员所在部室（班组）工作优异，未受到上级批评。（5分）	当年未被评为"五好"部室（班组），部室（班组）党员每人扣1分，工作差，受到上级领导批评，按处、分公司处罚级别，责任人分别扣2~5分，部室（班组）党员每人扣1~3分。				
		工作积极主动，工作效率高、质量好，效果佳。（5分）	未完成生产经营任务的扣1~5分。				
		党员个人工作业绩优于一般群众。（5分）	党员个人工作业绩低于本部室（班组）群众的扣1~5分。工作业绩差的并由所在支部和作业区党委诫勉谈话。				

185

续表

考核项目	分值	工作要求	量化及考核标准	自评	四优考评	民主评议	支部评议
群众评价优	20	积极履行党员责任,扎实开展"三联"工作,带头服务群众,积极帮助群众解决实际困难,关心员工疾苦,做好员工的思想政治工作。(5分)	对员工反映的热点、难点问题不做正面宣传解释,不及时上报和做政治思想工作,每次扣1~2分,未扎实开展"三联"工作扣1~3分。				
		自觉接受群众监督,处处严格要求自己,无违法乱纪现象。(5分)	没有发挥传帮带作用扣1分,发生违法乱纪现象一票否决不得分。				
		保持高尚的道德情操,遵守社会公德,努力做到家庭和睦、邻里和谐,能充分发挥党员的先进性和模范作用。(5分)	放任个人行为,不恪守社会公德,发生吵架行为一次扣2分、发生打架行为一次扣5分。				
		每半年接受所在党小组的考评,考评达到90分以上。(5分)	考评成绩未达到90分者,扣1~5分。				
合计							

××××党支部民主评议党员测评表说明:

(1)党员民主评议以党支部为单位,每年开展评议1次,原则上12月30日前完成。

(2)党员民主评议分为三部分:个人自评、民主评议、党支部评议。每部分满分为100分,个人自评占20%,民主评议占50%("四优"共产党员考评占40%,除被测评的党员外的其他党员和群众60%),党支部(支委会)评议占30%。党员评议得分:为三部分分值按比例换算成百分值的综合分。

(3)个人自评:严格对照"四优"(政治素质优、岗位技术优、工作业绩优、群众评价优)党员标准自行打分。

（4）民主评议：由党小组组织，在党员所在部室或班组（除被测评的党员外的其他党员和群众）发放《党员民主评议表》，对照"四优"党员标准，进行无记名评议打分。

（5）党支部评议：召开支部委员会讨论，根据党员执行"三会一课"、思想汇报、"三联"工作等表现情况，对照"四优"党员标准，评议打分。

（6）评议等级：综合评议分90分以上为优秀，80～89分为合格，70～79分为基本合格，70分以下为不合格。

（7）党支部对评议为"不合格"党员的组织处理方式：一是组织谈话，二是限期改正，三是通报批评。

第十一章 党内表彰与违纪违规党员处理

第一节 党内表彰的内容与范围

党内表彰先进是教育、引导、激励党员和基层党组织，以示范引领、弘扬正气，发挥基层党组织战斗堡垒作用和党员先锋模范作用的重要措施之一。

党内表彰内容包括先进基层党组织、先进党支部、示范党组织、模范共产党员、优秀共产党员、优秀党务工作者、创先争优先进党支部、创先争优先进个人等。党员领导干部的表彰，以干部管理权限范围进行推荐和表彰。如一般由局级单位党组织推荐和表彰处级党员领导干部，一般由处级单位党组织推荐和表彰科级党员干部。上级党组织可以直接表彰下属单位的党组织和党员。

第二节 党内表彰的推荐程序

在评选先进之前，上级党组织都要下发文件，制定出推荐评选范围和名额、推荐评选标准条件等。党支部需要结合上级文件要求，组织党员推荐人选、支委会会议研究确定人员，再对推荐出的人员进行考察。人员确定后与上级党组织沟通汇报，同意后撰写申报材料和填写相关申报表格报党总支部研究。

党内表彰主要采取层层推荐、组织评议、研究确定、公开公示和宣传表彰等程序方法开展。获得处级及以上党组织表彰的先进党员应将相关申报表加盖处级及以上党组织公章后交存人事档案。

一、层层推荐

采取自下而上的方式，坚持优中选优原则，组织党员按照评选条件进行逐级推荐。党支部对推荐对象进行认真考察。按照推荐评选标准，突出先进性、代表性，党总支集体研究，确定推荐对象。

二、组织评议

上级党委组织部门依据评选标准会同相关部门对各单位推荐上报的先进集体和个人进行评议。

三、研究确定

根据表彰的层次不同，处级单位党委召开党委会，按照推荐评选标准，突出先进性、代表性，集体研究审定受表彰先进基层党组织、优秀共产党员、优秀党务工作者名单或向上级单位党委推荐的先进基层党组织、优秀共产党员、优秀党务工作者名单。

四、公开公示

将研究后的先进党组织、先进个人等，通过网页或张贴公告方式，对推荐对象进行5个工作日的公示，公示内容主要包括推荐对象基本情况和简要事迹。

五、宣传表彰

评选出的先进集体和先进个人，一般在"七一"前夕进行表彰，并利用网络、电视、报刊、展板、橱窗等载体进行宣传。

第三节　党内表彰的材料申报

"七一"前夕，上级党组织都要安排对先进基层党组织、优秀共产党员、优秀党务工作者等的表彰活动；上级党组织开展重要主题实践活动后，也要命名部分示范党组织、表彰先进。申报先进是党支部工作的重要一环，是否申报由支委会研究评价后确定。一般来讲，先进基层党组织的材料是根据本支部的工作特点特色来申报，先进党员的材料是根据民主评议结果及日常掌握的党员的政治思想、工作情况来确定。

一、申报先进基层党组织材料内容

申报评比先进基层党组织的材料与经验介绍材料、工作汇报材料等不一样，文字不宜太多，事情要有份量，尽量是"干货"。实事求是，结合支部工作特点、工作特色及取得的成绩、效果和影响力来写。

二、申报先进党员材料内容

主要反映党员的思想政治和在生产、经营、科研、管理等方面发挥先锋模范作用的突出表现。因此，应该以事为主，如该党员所做的工作有哪几件突出的事情，这几件事产生的效果和影响力如何等。

三、党内表彰材料结构

申报材料结构能反映基层党组织和党员的重要信息，既要有全面概括，又要突出重点。基层党组织申报先进材料共由两部分组成：第一部分概括介绍基本情况和主要成绩；第二部分介绍主要工作成绩。申报党员的先进材料也有两个部分：第一部分简单介绍党员的情况和概述主要成绩；第二部分介绍主要成绩。注意不能将所有事情都罗列进去，成为流水账，选主要的、比较突出的、有代表性的分类来说，每件事尽量表述清楚、完整。

第四节　党内表彰申报材料的实例

【实例一】先进党组织申报材料

×××作业区党总支申报先进基层党组织材料

×××作业区建于1967年，是管线最长、用户最多、供需责任最大的基层单位。作业区党总支下设3个党支部，划分为9个党小组，党支部活动阵地5个，95名党员中80%分布在41座站场和1200余千米管线上。近年来，作业区党总支围绕中心重融入、服务大局重作为、主题实践重特色，充分发挥基层党组织的战斗堡垒作用、党员先锋模范作用和党员干部骨干带头作用，积极创建基层服务型党组织。作业区全面完成了各项生产经营任务和KPI指标，服务质量得到有效提升，党员的服务意识得到强化，群众满意度得到提升，综合实力的提升在党建工作中得到了深化。党员群众对党组织的满意率达95%以上。党员职工无违纪违法、无越级上访、无群体性事件发生。

第十一章 党内表彰与违纪违规党员处理

一、夯实服务根基，强化建设"存浩气"

作业区党总支始终加强党组织的自身建设。完善"四强"党组织、"六个一"党支部创建，突出抓好支部书记"一岗双责"建设，进一步明确党建工作责任，充分发挥基层党组织在推动、促进、服务企业科学发展中的战斗堡垒作用。

（1）丰富学习教育内容。作业区党总支坚持学习有计划、有安排、重质量，务求学习取得实效。近年来，就《习近平总书记系列重要讲话读本》《×××党委、处领导班子工作制度和议事规则》《×××纪检监察部门开展"转职能 转方式 转作风"学习讨论活动实施方案》等学习内容结合生产经营的热点难点，做到每季度至少集中一次学习讨论。组织开展"十佳"班组长管理集锦、学习交流等多项活动；组织党员和入党积极分子观看主旋律影片《××××××》《××》等，引导广大党员学先进、找差距、添措施，员工积极递交读后感。

（2）强化全员服务意识。结合作业区党支部、党小组、党员实际情况，对党员干部安全联系点和"三联"示范点进行了重新划分，对党员干部到现场检查和对口帮扶做出了具体的要求，细化了党员干部下站的次数、内容，对党小组、党员工作开展情况进行季度检查与指导，把"服务"工作作为硬指标，通过《党员教育管理系统》严格实施考核，并作为评选先进的依据。同时，通过党支部活动阵地开展活动，在树立职业操守、责任感、团队感和目标感等方面对全体员工进行教育引导，突出强化全体员工的服务意识。

（3）创新党建管理模式。积极探索党建工作新途径，实施了以分布在站场和管线的党员为"点"，以党小组责任区管理的管线为"线"，以党支部管理的区域为"片"的"三位一体"管理模式，形成了党建工作"点"上开花、"线"上拉动、"片"上结果的良好态势，基层党建迸发新活力。《"点、线、片"基层党建工作模式》有效解决了分散党员的教育管理、党支部和党小组作用发挥问题，被评为集团公司"基层建设十大管理案例"。利用网络信息技术和现代化办公手段研发推广党员教育管理系统，覆盖每一位党员，做到"零距离""零时差"，提高了党建工作效率。××××年党员教育管理系统通过在作业区顺利试运行，于今年在×××各单位推广运用，得到各级党组织和党员的高度评价。该系统获得×××科技创新二等奖，荣获×××公司优秀管理案例三等奖。

二、丰富服务载体，主题活动"接地气"

坚持把党建工作融入生产经营工作，切实把"服务"贯穿党建工作的全过程，分时段、有重点地组织"为民、务实、清廉"为主要内容的党的群众路线教育实践活动，切实做到思想认识到位、组织领导到位、工作措施到位。始终坚持问题解决到一线、作风转变到一线、能力锤炼到一线，让党员的身影在一线展现，让党员的声音在一线回荡，让党员的作风在一线转变。

作业区党总支持续开展了"三深入双报到"活动，以安全生产、素质提升、班组建设为主要内容开展了"党员安全屏障""党员志愿者服务队""党员突击队""党员义工日"等特色活动，让党员联系班组、联系站点、联系管线、联系用户、联系困难家庭，不论是在施工现场、艰苦站点、困难家庭、贫困山区，都能展现党员的先锋模范带头作用。×××站员工对口捐助甘孜州九龙县贫困学生，站长×××参与了分公司"传递爱心，拥抱温暖"活动。××××年6月，结合第十八个"全国安全生产月"活动，组织30名党员前往金堂片区、广汉片区开展"三深入双报到"党员志愿者服务活动，积极宣传管道保护法，设置《石油天然气展板》12张，发放《中华人民共和国石油天然气管道保护法》285册、《天然气管道保护告知书》350份。"党员突击队"对当地群众详细讲解了管道保护的意义，充分地调动了群众参与保护管道的积极性，更好地突出了管道保护宣传优势。技术比赛期间，组织党员"突击队"助力技术比赛，为参赛人员送上矿泉水、防暑药品，及时整理操作工具、维持现场秩序，用热情的微笑、周到的服务赢得选手、裁判的一致好评。

为了发挥党员的辐射作用，作业区党总支还拓展党建"三联"责任示范，让委员联系一个片区、支部委员联系一个用户、党员同志联系一个家庭。×××站巡线工×××，妻子无固定工作，两个孩子在读小学，家里就靠他一人支撑。党员×××站长作为帮扶联系人，经常对他嘘寒问暖，加强思想交流。在她的感染和帮助下，原本满腹牢骚的×××如今工作很积极很主动，在"5·12"和"4·20"特大地震中昼夜坚守，以一名普通输气人应有的责任和担当默默守护着输气生命线的畅通。

聚是一团火，散是满天星。近年来，作业区先后涌现出一大批模范党员，并带动一批"80"后"90"后青年员工迅速成长为新生代骨干和站长。

三、创新服务形式,能力提升"炼锐气"

(1)拓宽外延,形成全方位能力提升。作业区党总支把打造技术过硬的员工队伍作为助推中心工作的切入点,采用测、评、考、练等多种方式,打破常规,实施了覆盖全员的"岗位月考"机制,针对管理人员、技术人员、辅助岗位等不同工种,每月分3个批次实施岗位履职能力考试,涵盖了岗位职责、专业知识、应知应会、规章制度、操作规程、标准规范、职业操守、形势任务、企业文化、管理能力、动手能力、应急处理能力等多方面的内容。改变了技术(管理)人员只当"裁判员"的格局,让他们也当"运动员",通过考试查找自身薄弱环节,切实提升个人服务履职能力。

(2)充实内涵,建立针对性更强的员工培训。原有的培训机制,特别是轮岗培训的方式,多年来已经形成"老套路",针对性不够强、创新性不够强,员工参与的积极性不够高,培训效果不是很明显。经过广泛征求意见,深入开展调研,重新修订了《培训方案》,逐步改变大范围统一集中考试的方式,采用岗位培训、分点培训、集中培训,并结合集中考核、不定时抽查考核的方式进行。作业区每年组织一次全面考核,考核综合成绩在90分以上,可不参加本年度轮岗技术培训和集中考试,仅参加近期工作安排要求、事故事件、规章制度及政策宣传贯彻的学习培训,使培训内容与生产经营管理结合更加紧密,培训方式更加灵活,培训形式更加贴近员工,有效激励了员工的主动学习热情,增强了培训的针对性,逐步形成"在服务履职中加强学习,在学习中提升服务能力"的良性循环。

四、关心服务员工,细致工作"添和气"

作业区党总支始终从员工群众最关心、反映最强烈的热点和难点入手,破解了一个又一个"难题",切实为员工排忧解难,员工们对作业区的归属感得以增强,工作上更加积极努力,和谐发展的氛围日益浓厚。

(1)贴近员工,细微之处显真情。作业区党总支注重发挥群团组织作用,从细微之处着手关心员工,建立健全困难职工档案,每年对困难职工档案进行清理,及时建档退档,做到动态管理;坚持"三个面向、五到现场",深入群众、深入实际,切实解决员工实际困难,在实施改进措施后,一线员工反映问题明显减少、频率明显降低。今年,节日慰问困难职工、生病住院职工、劳动模范、金秋助学共××人次，共支出送温暖资金××万元；完成特殊工种职工健康体检，职工参检率达100%，全年安排×××名职工健康疗养。为站点配备了篮球架、乒乓球桌、呼啦圈、跑步机等健身器材。

（2）丰富载体，文化活动促和谐。深入开展以理想信念教育、形势任务教育、爱岗敬业教育和青年和谐文化教育为核心的主题教育实践活动。激发员工的创造热情和创新精神，切实将广大青年员工的思想和行动统一到服务安全生产上来；围绕"建功300亿，青年在行动"，深化"青年志愿者""青年突击队"及"青年文明号"创建活动，开展"趣味运动会""棋牌比赛"等主题实践活动促进青年员工成长。组织新工入场、外聘工入场、青工技术、输气工轮岗培训、管护工培训等专项培训12场670人次，配合×××开展第二届"十佳班组长暨优秀班组长"竞赛，组织开展作业区职业技能竞赛，逐渐涌现出一批业务技术硬、综合素质高的青年站长。

×××作业区党总支
××××年××月××日

【实例二】先进党员的申报材料

×××同志优秀共产党员事迹材料

×××，男，××岁，汉族，中共党员，××××年××月从西南石油大学油气田开发专业硕士研究生毕业参加工作，先后在×××勘探开发研究所×××采油气作业区×××开发项目部工作，现任×××采油气作业区×××。该同志处处以党员标准严格要求自己，思想政治好，工作敬业，始终秉承"脚踏实地、兢兢业业、精益求精"的干事创业精神，怀揣"奉献岗位、感恩企业、实现价值"的理想信念，在本职岗位上争做勇于创新的实践者、勇挑重担的开拓者和踏实敬业的引领者，为×××气藏、×××气藏和×××气田安全高效开发做出了大量卓有成效的工作。

一、做勇挑重担的开拓者

在公司×××气藏和×××区块×××气藏"两大攻坚战"中，该同志均以共产党员标准严格要求自己，主动挑起工作重担，在工作中不断提升和锤炼自己能力，在两大新区建设中取得了骄人的工作业绩。

在×××气田上产期间，该同志在×××研究所任技术员，主要负责试采动态跟踪分析、动态监测方案编制和资料解释及×××气田开发生产相关科研项目的攻关。多年来，共负责×××气田相关科研和现场试验项目7项，涵盖了气井产能评价、气水关系、动态储量、气田水回注、排水采气等主要方面，为公司和×××及时准确掌握龙岗气田生产形势提供了参考，其中×××气水关系、气田水回注两个分公司项目均以第一完成人获得两个分公司科技进步一等奖和二等奖，获得"×××试采工程投产倒计时100天劳动竞赛优胜个人"称号，助推了×××礁滩有水气藏的科学高效开发。

二、做勇于创新的实践者

在作业区工作期间，针对老区无人值守井点多、面广、难度大的特点，提出并推行无人值守井网格化分区定员管理和交叉审核制度，实现了477口无人值守井全覆盖受控管理。组织井口隐患排查和治理，对所有井口缺件定量描述，完成补件安装，论证并配合完成19口井永久性封堵。组织编制中心井站建设规划，推广"中心井站+无人值守"生产管理模式，新建中心站3座，无人值守生产井数达到54口，比例提高到36%，累计盘活人员35人。

在×××项目部工作期间，全面推广标准化管理体系建设，针对岗位以业务为基础对标编制《业务标准·质量·流程控制表单》57份，实现主要业务活动的流程化、规范化；组织编制和全面推广《天然气采集气岗位工作质量标准》《管道保护工作质量标准》，充分利用数字化气田的数据采集远传和可视、对讲功能，形成工作有计划、过程有管控、业绩有考核的闭环管理模式，提高了履职能力和工作质量水平。建立风险作业属地管理步步确认制度，从现场管控上确保了作业过程属地监督履职和安防措施保障到位，确保了零事故。运用无人机技术开展管道问题识别、管段巡线、采集气场站人居环境评价、大型风险作业监控，助力集输管道和场站安全生产管理。

三、做踏实敬业的引领者

该同志在×××开发项目部工作期间，与同事共同努力，实现了已部署30口开发井顺利投产，气藏主要开发指标达到开发方案预期；打破气藏全停全修惯例，顺利组织和配合完成年度检修和动态监测工作；安全管理水平稳步提升，

×××开发项目部获得2016年×××体系审核第1名。2016年底在×××作业区工作以来，与班子成员一道按照油气矿的工作部署，结合龙岗发展实际，牵头制定"3345"工作计划，从"透明气藏"研究、基础管理平台升级、基层站队QHSE标准化建设、业绩考核体系的创新等全方位入手，引领全体员工全面提升安全生产经营管理水平，为力推气田实现新跨越提供了有力支撑和保证。

×××党总支
××××年××月××日

第五节 违纪违规党员的处理

一、党支部处理违纪党员的程序

党员违反了党的纪律给予党纪处分时，党支部处理的程序和应履行的手续是：

第一，党支部对违纪党员所犯错误进行认真调查核实，确认错误后，写出调查报告。在此基础上，召开支部委员会，提出对违纪党员处分的初步意见。

第二，党支部将所要作出的处分决定和所依据的事实材料同本人见面，听取本人说明和申辩。与本人见面的材料不包括调查报告、揭发举报材料、证明材料。

第三，召开支部党员大会讨论对党员的处分。应通知受处分的党员到会，允许本人申辩，也允许其他党员为其辩护。召开支部党员大会的程序是：介绍违纪事实和调查结果；听取本人检查和申诉；党员讨论，对违纪党员进行帮助或为其辩护；支部委员提出初步处理意见，表决作出决定。受处分党员也有表决权。

第四，支部党员大会通过处分决定后，受处分党员要在处分决定上签署意见，支部按规定程序上报。上报材料一般包括支部的处分决定、调查报告、证据材料、本人检查材料、本人对处分决定的意见及其他有关材料。如果经说服教育本人不愿签署意见的也要按规定上报审批手续，并附谈话记录。

第五，上级党组织批准对党员的处分时，必须集体讨论决定，决定后应正式下达批复。

第六，犯错误党员所在基层党委或党支部，必须在接到批复1个月内，在基层党委或党支部范围内予以宣布，并将处分决定及批复给犯错误党员一份，处理结果还需存入本人档案。

二、党支部对违法党员处理

对违反刑法的党员的党纪处理，犯罪事实已调查核实清楚的，可以在公安、检察机关逮捕、起诉之前进行处理；也可以在人民法院判决之后，根据案件的性质和处理时机来决定。处理时，党的纪律检查委员会应同有关司法部门取得密切联系，互通情况，以利及时作出正确决定。

第十二章　主题实践活动

第一节　主题实践活动的类型

主题实践活动是以党建活动来强化党组织建设，发挥党员在改革发展和本单位生产、经营、科研、管理中的先锋模范作用，激发党组织活力的一种方式。主题实践活动大体可分为两大类：一类是上级党组织统一安排部署的活动。比如"党的群众路线教育实践活动""三严三实"专题教育、"两学一做"学习教育、创先争优、党支部"六个一"创建达标、党支部达标晋级活动等，这些活动要根据上级党组织的总体部署和安排结合自身实际做好。第二类是支部结合本单位的实际情况和自身特点特色，为充分发挥党支部的战斗堡垒作用和党员的先锋模范作用，增强党组织的活力来安排的一些主题实践活动。

第二节　主题实践活动的作用

一、激发党组织活力

开展一系列丰富多彩的主题活动，将上级党组织的要求与本单位的生产、经营、科研、管理工作实际结合起来，不仅可以活跃党支部工作方式，还能激发党员的内在动力，发挥榜样示范作用，引领和带动员工群众推动本单位工作发展。

二、营造好氛围

主题实践活动把党员的教育管理和监督有机结合起来，强化党员意识，增强党员责任感，塑造正气，增加正能量，营造良好政治氛围，激发本单位员工群众积极向上的精神动力，让党员和员工群众在充满激情的氛围下努力工作。

三、沟通凝聚作用

开展主题实践活动传送信息、沟通思想、正面引导，加强党员与党员之间，党员与员工群众之间的沟通联系。党员帮助员工群众，解决员工实际困难和问题，进一步增强支部的向心力和凝聚力。

四、促进单位发展

围绕解决生产经营上的实际问题开展主题活动，为生产经营排忧解难，促进单位发展。比如有的单位组织党员技术服务队，选一批技术过硬的党员和员工群众，帮助解决生产技术上的难题、完成急难险重任务等，促进本单位生产经营发展。

第三节　主题实践活动的设计

主题实践活动必须融入到生产经营实践中去，融入到员工群众中，为生产经营发展服务，为员工群众服务。主题实践活动还必须有创新的方法，结合本单位本支部的实际情况，尽量创新活动方式。基层的党建活动中央和上级党组织有要求，但这些要求大都是原则性的、方向性的；怎么做，采取什么方式来开展，全靠党支部。这就为支部开展活动留下了许多创新空间。如何结合上级精神，结合自身特点，结合实际设计出活动方式、活动类型，这就对支部工作的水平提出要求。主题实践活动还要务实，一定要结合本单位的特点特色、本单位的实际情况，把形式与内容结合起来，使活动开展得有声有色。主题实践活动的设计有以下几种方法：

一、体现上级党组织要求

体现上级党组织的精神和要求，就是要在思想上政治上与上级党组织保持高度一致。上级党组织有什么精神、有什么要求，在设计支部的主题实践活动时就应该体现出来、反映出来，这就是执行力。

二、在特色上下功夫

单位的工作特点、员工特点不一样，活动的方式就不一样。主题实践活动应结合本单位的特点特色安排，实事求是，有的放矢。有的单位工作性质以生产为主，重点是安全生产和产量完成，有的以销售为主，有的以管理或科研为主。员工队伍状况不同，所处环境也不一样，所以设计时要找准抓手选择好载体。

三、角度新内容实

老的传统方法是实用的，但随着时代发展变化，员工队伍的思维方式、行为方式与过去相比有相当大的区别，只靠传统的方法是不够的。所以，在设计主题实践活动时，要结合上级精神、结合实质内容，设计出既新颖，又符合本单位实际情况的活动方式。

四、重点抓几项工作

安排主题实践活动不能普遍开花、越多越好，支部要针对单位的薄弱环节，结合工作中的问题、难点和重点，一年中安排几次主题实践活动，重点抓好一两项工作，以点带面推动工作的全面发展。

五、自始至终有头有尾

从主题实践活动的设计到实施过程，到活动的结束等工作都需要认真策划、跟踪和安排，特别是活动结束后，支部需要对活动开展情况进行考核、总结，对表现好的党员和党小组进行表扬和奖励。有的单位只是注重安排，开展的效果如何没有进行评估，也不搞表扬奖励，主题实践活动显得很平淡，不能激发大家参与的热情。所以，有安排布置、有考核评比、有表彰奖励，主题实践活动才有完整性。

第四节　党建活动融入生产经营方式

一、创先争优活动

"创先争优"活动是一项比较传统的主题实践活动，是指创建先进基层党组织、争当优秀共产党员和优秀党务工作者。这项活动作为各单位党组织每年"七一"表彰的重要内容之一，其意义在于：

第一，通过开展创建先进基层党组织、争当优秀共产党员和优秀党务工作者活动，为党组织建设和党员队伍建设树立榜样和示范，激励广大党员和基层党组织积极作为、努力工作，带领广大员工群众为企业发展勇往直前的精神。

第二，通过创先争优活动的开展，提高党员素质，开发党员的内在潜力，使党员学有榜样、党组织赶有目标，促进党组织和党员队伍水平的整体提高。

第三，创先争优活动有利于促进工作的发展。党员在活动中激发出来的热情，转化为工作的实际行动，使他们在生产经营工作中，充分发挥模范带头作用，更好地完成各项工作任务。

第四，创先争优活动能提高党支部的战斗力和凝聚力，鼓励广大党员和员工群众尽职尽责，为生产经营发展着想。这就必然使党支部成为一个坚强的核心，更有利于吸引党内外群众，更有力地开展党支部各项工作，发挥更坚强的战斗力。

二、党支部达标晋级活动

党支部达标晋级活动的目的是为深入贯彻党的十九大精神，落实新时代党的建设总要求和重点任务，推动全面从严治党向基层延伸，进一步加强和改进新时代党支部建设，促进党支部工作制度化、规范化建设发展。

1. 总体要求

牢固树立"党的一切工作到支部"的鲜明导向，在创建"六个一"党支部的基础上，建立"量化考评、分类定级、动态管理、晋位升级"的党支部达标晋级管理机制，以提升组织力为重点，充分发挥党支部的政治功能和服务功能，切实担起直接教育党员、管理党员、监督党员和组织群众、宣传群众、凝聚群众、服务群众的职责，促进党支部建设水平整体提升，为推进企业稳健发展提供坚强保障。

2. 党支部达标晋级办法

按照"未达标党支部、达标党支部、优秀党支部、示范党支部"四个级别，对党支部进行考评定级。

（1）"未达标党支部，即党支部班子不团结，"三会一课"等制度不完善、落实不到位，党员作用发挥不明显，基础工作薄弱，支部凝聚力战斗力弱。有下列情形之一的实行"一票否决"，直接评定为"未达标党支部"：

①未完成年度主要生产经营指标或工作任务（发生不可抗力情况除外）；

②在年度党支部书记基层党建述职评议考核中被评定为"差"；

③党支部书记民主测评信任率或党支部工作群众满意率低于75%；

④党支部或党员发生违法、违纪或违规行为；

⑤发生党风廉政建设责任书、健康安全环境管理责任书、维护稳定工作责任书否决指标所列情况；

⑥意识形态领域工作责任制落实不力，造成重大不良影响或严重后果；

⑦党员领导干部不按规定参加双重组织生活；

⑧未按规定进行党支部换届选举；

⑨未按程序和要求发展党员；

⑩其他应当"一票否决"的情形。

（2）"达标党支部"，即党支部组织健全、班子团结、制度完善，基础工作扎实，围绕生产经营开展工作，党员能够发挥先锋模范作用。

（3）"优秀党支部"，即党支部班子威信高、工作机制科学规范、党建活动特色鲜明，支部工作与生产经营紧密融合，党员创先争优意识强、先锋模范作用发挥好。

（4）"示范党支部"，即党支部工作有特色有亮点，形成可推广经验，有较高知名度和影响力，助推生产经营效果显著，示范作用突出。

3. 工作程序

党支部考评定级在企事业单位党委领导下进行，组织部门牵头组织实施，按照支部自评、组织考评、审核定级程序，坚持标准，严格把关，确保考评定级工作全面准确、客观公正。

（1）支部自评。党支部对照考评标准先行自查，经支委会会议讨论后形成自评意见，报上级党组织审定。

（2）组织考评。党委成立专项检查考评小组，制定工作方案，采取实地查看、个别访谈、问卷调查、党员群众评议、查阅资料等形式，重点检查党支部工作实效、党员群众满意度、员工精神面貌等方面存在的问题，对党支部工作作出客观准确评价。

（3）审核定级。党委统筹确定"示范党支部"的比例，负责审定"示范党支部"，并在一定范围内进行公示。"未达标党支部""达标党支部""优秀党支部"可由基层党委结合日常管理和检查考评情况进行审核定级。

4.动态管理

对党支部的考评定级实行动态管理,定期组织开展考评和抽查复检工作,坚持能升能降、分级施策,确保党支部建设整体水平持续提高。

(1)复检验收。基层党委定期按照一定比例对"达标党支部""优秀党支部"进行复检,原则上一年内实现复检全覆盖;对提出晋级申请的党支部,按照考核标准进行验收考评。党委每年对"示范党支部"组织一次复检,并审定新申报的"示范党支部"。党支部保持现有级别一年以上方可申报上一级别,不能跨级申报。

(2)动态调整。对党支部达标晋级情况进行动态分析,建立分级管理台账,有针对性地制定差异化晋级措施,使每一个党支部在原有基础上都有新的提高,扩大先进支部增量、提升中间支部水平、整顿后进支部。对工作达标、作用突出的党支部要给予升级,扩大示范性和影响力。对复检不合格的,限期整改,整改不到位的给予降级处理。日常工作中,发现有"一票否决"项的,要及时调整为"未达标党支部"。同时,采取领导帮扶、结对共建等多种措施,督促帮助"未达标党支部"制定整改方案,落实责任人,切实做好整改提升工作。

(3)结果运用。把党支部达标晋级工作作为党支部评先选优和党支部书记选拔任用的重要依据。对"未达标党支部"及工作质量滑坡、给予降级的党支部,由上级党组织对党支部书记进行诫勉谈话,问题严重的给予党支部书记调整或免职。申报集体荣誉应优先在"示范党支部""优秀党支部"中推荐。

5.组织领导

(1)党支部达标晋级管理作为党的建设的基础工程和落实主体责任的重要工作,精心组织,抓出成效。要结合实际制定实施细则,明确考评定级标准和动态管理措施。

(2)组织部门要牵头推动落实,每年年初制定工作计划,既抓好面上整体工作推动,又聚焦"示范党支部"引领作用发挥和"未达标党支部"整改提升,做到一个支部一个支部的提升、一个阵地一个阵地的巩固,建好建强基层支部。

(3)党支部书记要发挥好第一责任人作用,认真履行职责,凝聚团队力量,党支部要主动适应新形势新任务新要求,强化目标引领,积极探索创新,实现晋级提升。

（4）要大力培养选树先进典型，及时总结鲜活经验和工作成效，积极引导每个支部都行动起来、每名党员都参与进来，切实营造学先进、赶先进、当先进的浓厚氛围。

三、主题党日

《中国共产党支部工作条例（试行）》规定，党支部每月相对固定1天开展主题党日，组织党员集中学习、过组织生活、进行民主议事和志愿服务等。主题党日开展前，党支部应当认真研究确定主题和内容；开展后，应当抓好议定事项的组织落实。主题党日一般可安排以下内容：

（1）组织党员集中学习。传达学习上级党组织的决议、报告、指示、决定和文件等，结合实际讨论贯彻执行上级精神和指示要求。

（2）开展组织生活。讨论支部工作计划、措施，安排组织生活会等。

（3）组织党员开展义务劳动、服务队活动、为单位发展献计献策和竞赛活动等。

（4）组织党员参观学习，开展帮扶活动等。

（5）讲党课、召开组织报告会、召开座谈会等。

四、党员责任区活动

党员责任区活动是党支部根据党员的工作性质、岗位、个人能力及工作生活范围等承担某项、某一区域的工作、员工群众的教育帮扶等责任的活动。以责任制的形式落实到每个党员，从而形成以一个或几个党员为主体，以一定数量的员工群众为对象，以一定区域为活动范围的党员责任区。在责任区内，党员以自己的模范行为，教育、影响和带动周围员工群众完成各项任务。

1. 党员责任区的作用

（1）有利于党员的义务具体化，保证党支部各项工作任务的落实。

（2）有利于加强对党员管理和监督，便于党支部对党员进行考核。

（3）有利于密切党同群众的联系，增强党支部的凝聚力和吸引力。

（4）有利于开展思想政治工作，把党支部的任务分解到每名党员身上。

（5）有利于党员自身素质提高。党员责任区对党员是一种压力，也是动力。

2. 党员责任区的责任内容

党员在责任区的责任应包括以下几个方面的内容：

（1）加强党员自身的思想作风建设。党员以自己的行为影响和带动员工群众，因而必须从自己做起，按照党章和上级党组织的要求，在学习上、工作上和生活上要起好模范带头作用。

（2）完成好生产经营、科研任务和安全工作。带头完成好工作任务、保证安全生产是党员责任区的重要工作内容。同时，党员有责任帮助其他员工群众共同完成好工作任务。

（3）做好员工群众的思想工作。责任区内的党员应掌握员工群众的思想状况，出现不良情绪多以正面引导，提高他们的思想认识。掌握好困难员工的情况，随时向支部汇报并提供帮扶。

（4）落实好支部安排的工作。

3. 党员责任区的划分

一般来讲，党员责任区的划分是按工作单元、工作区域、员工人数、工作任务和职务层次等来确定和划分。

（1）按工作岗位划分。党员在做好本岗位工作后，对与本岗位相关的其他员工群众的岗位工作也负有一定的责任。

（2）按工作区域划分。比如生产班组、井站的党员对本班组、本井站的工作和班组建设、员工群众的思想情况等负责。

（3）按员工人数划分。根据员工人数的多少，确定党员负责员工对象的技术帮助、安全生产、思想教育等方面的工作。

（4）按工作任务划分。以完成某项工作或某项任务为目的，明确党员在其中发挥的作用和承担的责任。

（5）按职务层次划分。按照职务分管的工作范围和内容，除了要对业务工作承担责任外，还要对分管范围内的其他工作承担责任。比如党员领导干部除了对分管的业务工作负责外，还要对分管单位和部门的党风廉政建设负责。

党员责任区活动重点是抓好设计和落实工作，在开展活动过程中还需要检查、督促，对活动开展不够理想的要进行调整。还要抓好考核、总结和评比表彰工作。

五、党建+

重点工作和重点任务由党员牵头，以党员身份带领员工完成。党建+，是党组织融入生产经营科研工作的一项活动。党支部针对生产经营科研上的薄弱环节、困难任务、急难险重、脏苦累等，号召和安排党员带领员工完成工作任务，发挥党员在生产经营科研工作上的表率带头作用和先锋模范作用。党建＋活动内容包括：党建＋生产经营、党建＋安全、党建＋项目等。

六、项目领办

以一个年度或一段固定时间为周期，以企业的各党组织为单位。将企业年度重点工作内容细化，以企业内部的层次和工作类别，列出生产经营工作中存在的突出问题、可能遇到的困难、容易产生的矛盾等。将问题作为项目内容，由处在相同层次和类别上的各党组织认领该项目问题。并以项目清单方式落实责任人、制定解决方案、实施目标管理、完成项目问题的解决。

项目领办是党组织参与解决生产经营中的矛盾困难，保障生产经营任务目标完成的一项措施，也是党组织"保落实"的具体行为。

主要做法：

（1）研究立项。企业的生产经营任务目标确定后，党组织通过调查研究、专题会、座谈会等形式，收集整理形成项目的问题清单。并以此分级分类落实项目内容。比如，按层次级别可分为核心项目、重大项目和一般项目。按工作类型可分为安全环保、生产建设、经营增效、合规管理等。

（2）公开承诺。由党委确定项目内容和级别、类型后，按照项目所对应的层次类别，由各党支部（党总支）认领。与党委签订《项目公开承诺书》，并公布项目名称、责任人、成员、实施目标等内容，接受党委和员工群众监督。

（3）组织实施。党支部（党总支）对认领的项目，制定出责任分工清单，详细列出参与者应承担的责任。定期通报项目内容完成情况，定期向上级党委汇报项目进展情况和遇到的困难与问题。

（4）评比表彰。上级党委结合年度考核，对项目领办的党支部（党总支）开展评优工作。把评选结果直接用于评先选优和党建工作责任制考核中。对完成较好的党支部（党总支）和个人给予表彰和奖励。

注意：项目领办不是党组织去领办生产经营中的整个项目内容，而是梳理完成生产经营任务过程中容易出现的困难、问题和矛盾，将此作为党组织需要领办的项目内容。

七、党员服务队活动

党支部针对本单位生产经营任务、设备技术问题、员工群众困难等组织部分党员去服务支持和突击完成工作,体现党员的先锋模范作用。党员服务队有常设服务队和临时服务队两种。比如有的单位针对生产设备老化、设备问题较多的状况,选取技术较好的党员成立党员服务队。党员修旧利废,用自身技术解决设备上的问题,保证生产的正常运行。临时服务队主要指组织党员、团员对急难险重的工作任务开展突击活动。

八、党员示范岗活动

党员示范岗是通过展示和示范党员在岗位上的敬业精神,带动其他岗位人员一同前进的活动。有促进和鼓励党员当好排头兵、领头雁的作用。

党员示范岗关键在"示范",示范性就有一定的代表性。一般选择比较先进的党员岗位开展这项活动,比如在生产岗位上选择工作认真负责、技术比较好、尽职尽责、注重安全生产的党员开展岗位示范;在管理岗位上选择工作比较细致,遵守各项管理制度,完成工作质量好,工作效率高,待人热情、诚恳,为人正直的党员开展岗位示范。党员示范岗体现的是党员在岗位上发挥先锋模范作用,是对先进党员的一种激励,也是对他们不断提高自身素质的一种鞭策。

九、党员挂牌活动

党员挂牌活动与党员示范岗活动有相似之处,不同的是党员挂牌活动是以挂牌方式督促党员履行好职责、尽好义务。通过挂牌或佩戴党员徽章方式公开亮出党员的身份,严格按照党员的标准要求自己,明确肩上的责任,完成好各项工作任务。不仅在工作上要带头,在利益上谦让,而且在对待员工群众或对外窗口服务等方面都要热情周到。党员挂牌活动往往与党员的目标责任相结合,通过亮身份亮责任,接受员工群众监督,也促使党员时刻告诫和勉励自己。

十、党员星级评比活动

就是将党员按照生产任务、工作质量、工作效率、安全环保、技术水平、服务和工作态度、遵纪守法、联系群众、思想政治工作等要素分解为不同的星级级别,规定某一个要素为多少颗星,按照获得星级分值的多少来对党员进行考核评比。这种方法可以把党员的工作量化,并对量化后的工作进行考核,表彰和奖励获星级多的党员。党员星级评比活动比较客观实在,但需要建立一套由党员认可的考核评价制度，比如建立党员自我评价、党员相互评价、群众评价和党支部评价等的考核评价机制。

十一、党建"三联"责任示范点活动

党委（总支）委员联系党支部，党支部委员联系班组，党员联系生产经营岗位的党建"三联"责任示范点活动是将党员责任区活动按职务层次划分的一种扩展和延伸，有利于党员干部加强基层党组织的建设工作，沟通上下信息，处理和解决好基层遇到的困难和问题，督促基层党组织抓好党建工作。

1.党建"三联"责任示范点活动的意义

活动围绕加强基层党的建设这一重点，继承发扬党的"三大作风"和党的优良传统，积极探索新时代加强基层组织建设的新途径，使联系点成为党建工作的示范点、基层建设的标杆和研究解决新问题的试点，进一步提高基层组织建设水平。

2.党建"三联"责任示范点活动的作用

（1）调查研究。采取多种方式了解掌握基层党建工作新情况，了解掌握基层建设情况和联系点党员、员工学习工作情况及思想动态，分析基层党建工作和基层建设中存在的倾向性问题，认真探讨研究解决问题的办法和对策。

（2）指导工作。指导联系点积极探索改进基层党建工作的新方法、新措施，总结基层党建工作和基层建设的经验和做法，及时发现、培养和宣传先进典型，不断加强党的思想、组织、作风、制度和反腐倡廉建设，促进联系点的发展和稳定。

（3）示范引领。及时总结推广联系点的经验，发挥示范点典型引领作用，示范点的经验变普遍、示范变规范，进一步加强和改进新时代基层党组织建设工作。

第十三章　基层服务型党组织建设

第一节　建设服务型党组织的作用意义

基层服务型党组织建设是联系群众的一种方法和有效载体。2014年中共中央办公厅印发了《关于加强基层服务型党组织建设的意见》，明确了基层服务型党组织建设的主要任务、方法措施、组织领导等，为党支部怎样做好联系服务党员和群众工作，提供了有力的指导。

党支部是党直接联系党员和群众的桥梁。党章第三十四条规定，党支部是党的基础组织，担负直接教育党员、管理党员、监督党员和组织群众、宣传群众、凝聚群众、服务群众的职责。《中国共产党支部工作条例（试行）》第三章第九条、第十条指出，党支部要"对党员进行教育、管理、监督和服务""坚持围绕中心、服务大局""服务改革发展、凝聚职工群众"。

本单位的生产、经营、科研、管理和改革发展的大量工作都需要党员和员工群众来承担完成。如何调动党员和员工群众的工作积极性，需要充分发挥好党支部的战斗堡垒作用，把服务作为党支部自觉追求的基本职责，把党的政策转化为党员和群众的工作动力，这也是践行党的根本宗旨和群众路线的具体实践。

第一，是贯彻落实党要管党、从严治党方针的必然要求。建设基层服务型党组织，通过解决一些党支部突出问题，增强为党员和群众服务，为生产、经营、科研、管理服务，为改革发展服务的意识，是提高党支部的创造力、凝聚力、战斗力的一项基础性工作。

第二,有利于改善党支部的工作方式和活动方式。支部工作做得好不好,基层党员和群众的感受又是最直接、最具体、最聚集、最要紧的。所以,服务型党组织建设也是推进企业改革发展、企业管理、企业治理和促进本单位稳定的一项具体措施。

第三,有利于保持党和群众的血肉联系。企业在改革发展中遇到的问题和矛盾比较多,如何解决这些问题,化解这些矛盾,考验着党支部的工作水平。这就需要党支部直接与群众联系,创新服务的组织形式,加深与群众的血肉感情。以服务为纽带,贴近群众、团结群众、引导群众、赢得群众,密切党群关系、干群关系。

第二节　建设服务型党组织的任务内容

中共中央办公厅在《关于加强基层服务型党组织建设的意见》中指出,要达到"六有"目标:一是有坚强有力的领导班子,二是有本领过硬的骨干队伍,三是有功能实用的服务场所,四是有形式多样的服务载体,五是有健全完善的制度机制,六是有群众满意的服务业绩。

建设基层服务型党组织就是要坚持服务改革、服务发展、服务民生、服务群众、服务党员。总体任务要求是:强化服务功能、健全组织体系、建设骨干队伍、创新服务载体、构建服务格局。这也是党支部建好服务型党组织的根本要求。

第一,强化服务功能。党支部围绕生产经营和队伍建设搞好服务,保障职工参与管理和监督的民主权利,建立职工诉求办理制度,开展人文关怀和心理疏导,组织党员和员工群众为企业改革发展建言献策。

第二,健全组织体系。适应服务对象、服务内容、服务方式的变化和需求,优化组织设置,扩大组织覆盖。生产经营一线党支部找准开展服务、发挥作用的着力点,围绕生产经营和队伍建设搞好服务,积极推进党务公开、厂务公开,保障员工参与民主管理和监督,拓宽员工诉求办理渠道,开展人文关怀和心理疏导,组织党员和员工为企业改革发展建言献策。

第三,建设骨干队伍。加强基层党组织领导班子特别是书记队伍建设,选拔党性强、能力强、改革意识强、服务意识强的党员担任党支部书记，选好配强党务工作者，组织引导他们提高自身素质、做好本职工作、履行服务职责。加强党员队伍建设，严格日常教育管理，教育引导基层干部和广大党员增强服务意识，改进工作作风，密切联系群众，主动服务群众，扎扎实实为群众做好事、办实事、解难事。

第四，创新服务载体。围绕员工群众多样化需求，坚持立足实际、尽力而为，运用多种形式和手段开展服务，如建立党支部活动阵地，依托基层组织活动场所，坚持一室多用，丰富活动载体。组织开展党员责任区、党员先锋岗、党员目标管理、党员承诺践诺、党员志愿服务、党员突击队等活动，动员和组织基层党组织、广大党员在企业改革发展稳定中当先锋、创佳绩。

第五，构建服务格局。党支部开展以服务为主题的党建带工建、带团建、带妇建活动，带动群团等组织开展服务。组织各类专业人才和实用人才开展服务，培养群众服务骨干，引导群众参与服务、自我服务、互相服务，形成以党支部为核心、全体员工共同参与的服务格局。进一步调动和激发广大员工群众的积极性、主动性和创造性。

第三节 建设服务型党组织的方法

建设基层服务型党组织的方法有许多，但主要还是寻找比较合适的载体。党支部要坚持从实际出发，结合自身不同特点和工作基础，因地制宜的提出切合实际的具体目标和工作方案，坚持统筹谋划、通盘考虑，把基层服务型党组织建设与全面深化改革结合起来，与完成本单位中心任务结合起来，与提高员工群众思想教育、增强工作积极性结合起来，与维护稳定思想、稳定工作、形成凝聚力结合起来，使各项工作衔接紧凑、推进有序。常采用的载体有：党支部活动阵地、网络服务学习教育平台、党员服务组织体系等。

一、党支部活动阵地（党组织活动阵地）

（1）建立党支部活动阵地的目的。就是建立一个阵地场所，以党支部组织开展活动方式，宣传党的路线方针政策，贯彻上级和本单位的要求，解决党员和群众思想问题，服务和帮扶困难党员和群众，凝聚党员和群众，形成以支部为单元的凝聚力和向心力。

（2）建立党支部活动阵地的意义。以党支部活动阵地作为平台，搭建起联系沟通党员和群众的管道，让支部工作更接"地气"。党支部不仅管党员，还管群众，管工会、共青团。所以，党支部活动阵地与原有的"党员活动阵地"有较大区别。"党员活动阵地"限于党员的学习与活动。支部管辖的范围更宽，阵地活动的内容更丰富，参加的人员不仅有党员，也有群众、工会会员、共青团员、青年等。通过在一起参加活动，支部委员与党员之间、党员与群众之间、支部委员与群众之间可以相互沟通交流，起到宣传、教育、学习、帮扶和服务的作用。

（3）建立党支部活动阵地的条件。一是有固定场所，二是有固定的活动时间，三是有活动的内容。

①固定的场所。固定场所一般根据本单位的实际情况而建，可以"一室多用"，可以多个支部共用。一般情况下，党组织活动阵地建筑面积达到30平方米以上，活动阵地位置、布局设置等便于党员、职工参加活动；室内布置需要有党的标识和内容，有桌椅板凳、文件书柜、电教设备、学习资料、饮水设备等，既突出"党味"，又有温馨的感觉。

室内布置一般按照"三亮四有五上墙"模式布置："三亮"即党员亮身份、亮职责、亮承诺；"四有"即有书刊杂志、有学习资料、有网络、有电教设备；"五上墙"即党徽、入党誓词、党员权利、党员义务、党员承诺上墙。

②固定的活动时间。活动时间有固定性，党员和群众才清楚什么时候支部活动阵地开展活动，这样有利于参加人员的集中。根据各单位的工作性质来固定活动的时间：有的利用周五下午，有的一个月固定半天时间，有的利用作业轮班倒班的间隔时间开展活动等。总的来说，时间相对固定，活动才能持续开展下去。

③活动的内容。党支部活动阵地的活动形式和内容与党内的组织活动还应该有所区别。既要有政治性，支部在政治上领导和把关，又要考虑参加的人员对象情况，因而要采用体现生动活泼教育感强、相互交流互动机会多的方式来安排活动内容。内容可以是理想信念价值观教育、"形势、目标、任务、责任"的宣讲、沟通、交流；也可以是人文关怀、文化体育活动、心理疏导、科学文

化技术交流与学习等。目的是引导和教育、统一思想，提高认识；倾听员工的意见和建议，解决问题、化解矛盾、帮扶困难，增强员工工作的积极性。让活动阵地成为党员和员工群众心灵的家园，使党的工作紧紧联系群众，党支部成为凝聚员工队伍强有力的团队。

二、网络服务学习教育平台

一些"点"多、"线"长、人员高度分散的单位，党员和员工群众存在集中难、参加活动难、培训难等问题，党支部可以建立网络服务学习教育平台，用网络进行沟通交流、授课和学习，掌握党员和员工群众思想动态，及时提供服务。

三、党员服务组织体系

根据本单位的党员和员工的技能特点、个人特长，由党支部将他们挑选出来，组织成立服务队，重点解决生产上的难题、技术上的问题，开展困难员工帮扶等。

第四节 建设基层服务型党组织需注意的问题

一、把握好党组织的政治属性与强化服务功能的关系

基层党组织不是一般的社会组织，而是政治组织，要在活动的形式和内容上把控。我们所做的一切工作，采取的一切措施，都是为了党长期执政、更好执政，党的基层组织的工作也必然围绕这个根本目的来开展。建设基层服务型党组织就是要牢牢把握基本定位、基本属性，着眼于履行党的政治责任、巩固党的执政基础、实现党的执政使命。一是明确政治任务，就是贴近群众、团结群众、引导群众、赢得群众，使党的执政基础深深根植于人民群众之中。二是担负政治责任，就是党联系群众的桥梁和纽带，贯彻落实党的路线方针政策和各项工作任务的战斗堡垒。三是彰显政治特性，就是要有严肃的组织生活、严明的组织纪律、严密的组织体系。四要强化政治功能，就是充分发挥基层党组织领导核心、政治核心作用，把群众团结凝聚在党的周围。搞好服务是手段，发挥作用才是目的。

二、理解建立党支部活动阵地的作用和意义

基层服务型党组织"六有"目标中有两个方面涉及到建立服务载体问题。

一是有功能实用的服务场所,建设便捷服务、便利活动、便于议事的综合阵地;二是有形式多样的服务载体,创新贴近基层、贴近实际、贴近群众的工作抓手。建立党支部活动阵地,就是要固定活动场所、活动时间、活动内容,把它作为教育管理党员、联系服务群众、团结凝聚员工的新载体,以党建带工建、带团建,凝聚人心,增强支部的战斗力。

三、为什么称为党支部活动阵地

过去我们有"党员活动阵地""党建活动阵地"等,但它们的功能与党支部活动阵地不同,前者只是作为党内建设的一个平台和阵地,后者是面向更多员工群众的一个服务载体,对象有所不同,内容安排上也有差别,所以要建好党支部活动阵地,需要党支部的制度规范,而关键还在于活动的坚持。

第十四章　党支部建设工作方法

第一节　党支部工作的内容

党支部的工作大体上分为两方面，一方面是上级党组织安排部署的工作任务。比如上级党组织安排的主题实践活动、贯彻上级指示精神和要求、创先争优评比推送先进、党代表的选举、党内统计资料报送等。另一方面就是涉及党支部自身建设的工作。党支部自身建设工作分为经常性工作和阶段性工作。经常性的工作主要有"三会一课"、思想政治工作、主题实践活动、党员的教育管理、联系党员和群众（服务型党组织建设）、党内监督、入党积极分子的培养、预备党员的教育考察等。阶段性的工作主要有组织生活会（民主生活会）、民主评议党员、支部换届选举、发展党员、表彰先进和处理党员等。无论是经常性工作，还是阶段性工作，都是党支部的基础工作，只有立足于把基础工作做好，党组织才有活力，党员才能发挥先锋模范作用，支部才有战斗力，支部的工作根基也才深厚。

第二节　完成好上级任务

党支部是执行层。上级的任务是上级党组织结合中央统一安排部署的，作为基层一级党组织，党支部应不折不扣的执行。这是检验支部一班人执行力如何，贯彻上级党组织精神坚决不坚决、政治意识强不强的问题。

一、正确理解上级精神

党的许多工作需要落实到支部贯彻和执行,由支部带领广大党员和群众共同完成。正确理解上级党组织意图和精神,是完成好工作的前提。有的支部不是不愿意做好工作,而是在理解问题上出了偏差,把好事情办成了不好的案例。所以,不能凭借感觉和主观愿望来处理上级党组织安排布置的任务,正确理解上级党组织的精神,搞清本单位的情况,"吃透两头"是开展工作的前提。

二、支委成员分工负责落实

书记要依靠支委成员、依靠党小组组长、依靠党员和群众。支委成员、党小组组长、党员是书记依靠的中坚力量,支委成员和党小组组长都应该支持书记的工作。接受上级党组织的任务后,党支部应召开支委会会议认真研究讨论、理解精神、采取正确措施和方法贯彻执行,支部委员明确分工落实,各负其责完成任务。

三、及时与上级党组织汇报

在完成上级党组织安排部署的工作任务过程中,要主动向上级党组织沟通和汇报,使上下党组织在执行过程中成为一个整体。重要事情及时报告并注意征求上级党组织的意见和建议;工作完成后要系统地做一次汇报,并形成相关上报材料或工作总结等。

第三节 做好基础工作

无论是经常性工作还是阶段性工作都是党支部的基础性工作,基础工作好不好是检验支部工作好不好的重要条件之一。

一、按照程序办事

支部许多工作是规定了时间、规定了程序和办理的手续、规定了工作要求的,支部必须按照这种要求来开展工作。比如"三会一课"、发展党员工作、换届选举、民主评议党员等都必须按照规定来做好。特别是支部换届选举工作,程序比较严密,不是说选票印得漂不漂亮、会场布置得好不好就可以断定选举合不合法。选举合不合法要用党章来判断,用《中国共产党基层组织选举工作条例》中规定的程序来确定。尤其是在从严治党的要求下,对程序、规定的执行要求和检查更严格。所以，支部在开展工作前必须认真研究每一步程序，按程序走，使我们的工作依规依法、合规合法。

二、选好用活载体

支部的许多工作需要载体来实现，载体就是把精神和思想变为行动和结果。特别是主题实践活动，有的工作离开了载体就比较空，虽然有好的想法，但实现起来很困难。比如联系和服务党员群众，就需要建"党支部（党组织）活动阵地"这样一个载体。以开展活动方式将党的思想、精神传递给党员群众，让党员群众得到教育。又如开展"党员责任区"活动，就要根据工作单元、工作区域、员工人数、工作任务和职务层次等选择一个或多个载体，来确定和划分党员的责任范围、确定示范岗、示范点等。支部主题实践活动有载体才能使工作落到实处、实用。怎样选用载体，视活动内容和本单位的实际情况而定。

三、抓住重点工作

支部工作要抓重点，不要"眉毛胡子一把抓"，要抓住对全局有影响的工作，解决主要矛盾，以主要工作带动全面发展。毛泽东主席说过，要善于"弹钢琴"。"弹钢琴要十个指头都动作，不能有的动，有的不动，但是十个指头同时按下去，也不成调子，要产生好的音乐，十个指头的动作要有节奏，要互相配合"。支部的工作千头万绪，我们要找到主要的，如果不分轻重缓急，工作不但做不好，反而容易陷入被动。我们还应该注意，矛盾的主要方面和非主要方面是相互联系、相互区别和相互转化的。比如员工群众的事情可能被认为是小事，忽略了或者不重视，没有细致地做工作，就可能转化为主要矛盾。

四、不断创新工作思路

支部工作需要不断创新，不一定是原始创新，改进也是一种创新。现在的员工队伍结构发生了较大变化，无论是知识结构还是年龄结构都与过去有很大差别。年轻员工较多，文化知识普遍较高，他们的思维方式和价值需求也比过去更时尚、更现代，这就对党支部工作中的一些传统的做法提出了挑战，需要我们调整和改进。比如思想政治工作怎样做才具有针对性，主题活动怎么开展才能吸引年轻人，党员教育采取什么方式才能取得最佳效果等等。支部工作创新是时代的要求和发展的需要。党支部要从实际出发，大胆探索，敢于创新，在改革发展的实践中摸索出一套行之有效的工作方法，通过创新增强支部活力，让创新不断丰富和完善支部的工作方法，让创新使支部的实践工作得到提高。

五、重视基础资料记载

有的党支部虽然做了许多工作，但是记载很少，或者记载不全，不太重视基础资料的收集和记载，不仅给工作落实带来困难，还影响对支部决策的查证。基础资料是党支部工作的真实记录，包括党员大会、支委会会议的记录，发展党员、支部换届选等资料都有党纪要求和党内法规效力。对基础资料的不负责实质上是对支部建设的不负责，对支部班子成员的不负责。实践中无论是巡视还是年度检查考核党支部，对资料齐全、记录真实、整洁细致的支部往往都会加分。支部的基础资料较多、比较分散，最好对照《党支部工作手册》来统一规范，使大部分资料都得到记载，既简单、方便、实用，又利于保存。

第四节　总结和提炼好经验

党支部做了工作就要善于总结，提炼经验。善于总结和提炼经验是对党支部书记和支部班子成员的素质要求。要创建示范型党支部，就要做好基础工作，在做好基础工作的前提下，重点抓一两项工作引领，并且通过对工作的回顾、对具有典型意义的做法和事件的总结，提炼出一些规律性的东西，对今后的工作是帮助，对其他单位也是借鉴。

结合特点、抓住重点、展现亮点，是党支部快出成绩的"三点法"。在基础工作做实做好的前提下，要结合本单位的特点，重点抓，然后将抓出的成果展现出来，成为亮点和经验让别人学习，由此提高影响力和知名度。

（1）怎样结合特点。同样一件事，先走一步，做在别人前面，而且做得很好，这就是特点，就可能作为示范。同样一件事，选择工作方式不同，产生出来的效果也不同，也是特点。比如现在提倡对年轻干部的培养问题，有的单位无从下手，而有的党组织就结合基层党组织成员年龄普遍偏大问题，从培养年轻党务干部入手，抓年轻党务干部培养，以此带动对本单位其他年轻干部的培养，这就是结合特点。

（2）怎样抓住重点。就是对已选好的特色工作重点抓、抓到底、抓出成效。党支部做了工作就要善于总结，提炼经验。善于总结和提炼经验是对党支部书记和支部班子成员的素质要求。要创建示范型党支部，就要做好基础工作，在做好基础工作的前提下，重点抓一两项工作引领，并且通过对工作的回顾，典型意义的做法和事件的总结，提炼出一些规律性的东西，对今后的工作是帮助，对其他单位也是借鉴。

（3）怎样展现亮点。所谓"亮点"，就是光彩的、闪光的、引人注目的事。支部大部分工作不起眼，是小事，但有的工作在员工群众眼里却是大事。不因事小而不为，支部工作就是由件件小事组成，把这件件小事累积起来，就是党的伟大事业。每个支部工作的方法、措施都有闪光的地方，要靠我们总结、提炼和发现。有了亮点还要通过媒介展现，形成经验和影响力。

第五节 支部委员会工作方法

党支部委员会实行集体领导和个人分工负责。研究讨论问题和决策按照民主集中制原则。支部书记是班长，是本单位党建工作第一责任人，在实行集体领导中，负有主持支部全面工作和处理日常工作的重要责任。在支部班子内，成员之间是平等关系，是少数服从多数的关系，不管是书记还是委员，在党内表决时，都是一人一票的权利，每个支委成员都必须执行通过的决议。

（1）集体领导与个人负责。支委会工作的核心内容就是民主集中制。体现民主的重要方法是少数服从多数，书记与委员之间就是这个关系。对于民主集中制，毛泽东有个说法，就是多谋善断。多谋就是民主，善断就是集中。书记是班长，能不能发扬民主，关键看书记的素养如何。

（2）班子成员的沟通。书记与副书记、委员在讨论问题过程中，观点想法不一致时，书记应重视副书记、委员的意见，充分听取他们的意见，尤其认真倾听分管委员的意见。副书记、委员有责任提出有价值的建议。影响决策的意见分歧尽量避免出现在正式场合，应事先沟通，难以形成统一的，不必马上办的事情，可多次商议；对需要马上办的，表决之外的事，书记有明确的清晰意见时，应以书记意见为准，委员可以保留意见，行动上按书记意见办。

（3）支部班子的议事。支部委员会工作及议事，应遵循党章、《中国共产党支部工作条例（试行）》等党的相关文件要求进行，需要遵循少数服从多数、民主集中制的工作原则。重要问题的决定要召开支委会会议研究，书记主持会议。会前要征求委员的意见，由分管委员具体落实准备工作。会上，对需研究的问题要说明情况和原因，委员要发表意见，明确表态。根据讨论中的实际情况也可修改自己之前发表的意见。书记总结归纳委员们的意见并表态，作出结论。

第六节　基础资料模式——《党支部工作手册》

《党支部工作手册》主要用于记录党支部基础资料和开展活动的情况。以下为一种模式作为参考，具体内容可根据本党组织的实际情况来制作。比如《主题活动开展情况记录》《会议记录》《党支部活动阵地开展情况记录》等都根据实际情况来印制页数。

党内资料
注意保存

党支部工作手册

单位名称_____

党支部名称_____

支部书记姓名_____

使用年度_____

×××党委组织部编印

入党誓词

我志愿加入中国共产党,拥护党的纲领,遵守党的章程,履行党员义务,执行党的决定,严守党的纪律,保守党的秘密,对党忠诚,积极工作,为共产主义奋斗终身,随时准备为党和人民牺牲一切,永不叛党。

使用说明

1.《党支部工作手册》用于党支部基本情况、组织生活及各项活动记录。

2.各种记录应按要求严格填写清楚，必须实事求是，不弄虚作假，不任意涂改或拆毁。

3.记录应使用钢笔或签字笔，做到书写工整，字迹清楚，不乱写乱画。

4.《党支部工作手册》每年使用一本，上级党组织将定期或不定期抽查记录情况，年终交上级党组织存档。

_____年度工作计划

党支部工作目标

（一）选配一个好书记。党支部书记综合素质高，业务能力强，全心干事业，精心抓管理，用心带队伍，贴心爱员工，信心创佳绩，在工作中充分发挥"班长"和带头人作用。

（二）建设一个好班子。班子坚强有力，政治素质好，工作业绩好，团结协作好，作风形象好，清正廉洁、务实开拓，整体功能有效发挥，在党员和群众中有较高威信。

（三）带出一支好队伍。党员理想信念坚定，党性观念牢固，先锋模范作用突出；员工队伍思想素质好，业务技能精，始终保持昂扬向上、艰苦奋斗的精神风貌，和谐团队建设富有成效。

（四）完善一套好制度。制度规范健全，有效管用，符合党章要求和党支部工作规律，适应现代企业管理需要和基层实际，切实得到贯彻执行。

（五）构建一个好机制。机制完善配套，科学长效，富有活力，与生产经营紧密结合，相互促进，在实践中不断创新完善。

（六）创造一流工作业绩。党建、思想政治工作优势充分发挥，队伍风气正、作风硬，凝聚力、战斗力、执行力强；管理规范精细，安全环保无事故，无严重违法违纪，产品服务质量优良，生产经营指标全面完成。

党支部基本情况表

单位总人数	党员总人数	其 中			
		男	女	三十五岁以下	少数民族

党小组数	递交入党申请书人数	入党积极分子人数	班组情况		
			生产班组数量	有党员班组数量	党员班组长数

党支部委员、党小组组长登记表

姓 名	性别	年龄	文化程度	入党时间	职 务	
					党内	行政

员工队伍基本情况

员工情况

员工总数	男	女	35岁以下青年员工	团员	大学及以上	大专	中专、技校（高中）	初中	高级技师	技师

其中

管理和技术人员情况

总数	管理人员	专业技术人员	政工人员	大学及以上	大专	中专、技校（高中）	初中	高级职称	中级职称	初级职称

其中

党 员 花 名 册

序号	姓名	性别	民族	出生年月	文化程度	参加工作时间	入党时间	专业技术职称	岗位职务
1									
2									
3									
4									
5									
6									
7									
8									
9									
10									
11									
12									
13									
14									
15									
16									
17									
18									
19									
20									
21									
22									
23									
24									
25									

入党积极分子情况登记表

序号	姓名	性别	民族	出生年月	参加工作时间	文化程度	专业职称	是否团员	职业	历次申请入党时间	列为入党积极分子时间	培养人	计划发展时间
1													
2													
3													
4													
5													
6													
7													
8													
9													
10													

预备党员情况登记表

序号	姓名	性别	民族	出生年月	参加工作时间	文化程度	专业职称	岗位职务	职业	列入积极分子时间	支部大会通过预备时间	教育考察人	计划转正时间
1													
2													
3													
4													
5													
6													
7													
8													
9													
10													

党费收缴情况登记表

序号\姓名	月交党费	实交党费情况												总计
		一	二	三	四	五	六	七	八	九	十	十一	十二	
1														
2														
3														
4														
5														
6														
7														
8														
9														
10														
11														
12														
13														
14														
15														
16														
17														
18														
19														
20														
21														
22														
23														
24														
25														

党员受奖情况登记表

姓　名	受奖时间	荣誉名称	奖励机关	备　注

支部受奖情况登记表

序　号	受奖时间	荣誉名称	奖励机关	备　注

党 员 违 纪 记 录

项目＼姓名			
主要错误事实				
支部党员大会讨论情况	时间			
	参加人数			
	本人是否出席			
	表决情况			
上级审批意见				
本人对处分意见				
处分后本人表现				

党支部大事记录

序号	时间	地点	内容简介	备注

党员组织生活（活动）考勤表

序号\日期									
1									
2									
3									
4									
5									
6									
7									
8									
9									
10									
11									
12									
13									
14									
15									
16									
17									
18									
19									
20									
21									
22									
23									
24									
25									

考勤符号：√到会；#迟到；○病假；★公假；△事假、探亲、丧假、婚假、休假、产假；× 无故缺席。

主题活动开展情况记录

序号	地点	参加人数	活动内容简介	备注

党支部活动阵地开展情况记录

序号	地点	参加人数	活动内容简介	备注

会议记录（党员大会、支委会会议）

时　　间：　　　　　　年　　月　　日　　星期　　午

内　　容：

主 持 人：　　　　　　　　　　　　　　记 录 人：

参加人员：

缺席人员：

应到人数：　　　　　　　　　　　　　　实到人数：

情况记录：

第十五章　对党支部的考核工作

第一节　考核工作的意义

以习近平新时代中国特色社会主义思想和党的十九大精神为指导,加强对基层党支部工作的考核,构建基层党支部工作考核评价体系,是新时代加强基层党支部建设的一项重要举措,有利于全面提升党支部组织力、强化党支部政治功能、推进全面从严治党向基层延伸。

第二节　考核工作的原则

坚持"党的一切工作到支部"的鲜明导向,建立"量化考评、分类定级、动态管理、晋位升级"的党支部管理机制;坚持全面提升党支部组织力,强化政治功能,督促党支部担起直接教育党员、管理党员、监督党员和组织群众、宣传群众、凝聚群众、服务群众的职责;坚持突出重点、分级施策,在分类定级的基础上,重点抓好整改提高,整体提升党支部建设水平;坚持实事求是,结合实际,科学设置标准,合理确定程序,确保考核推进有序、简便易行、务实管用。

第三节　考核工作的目标与主要内容

选配一个好书记。基层党支部书记在支委会中切实发挥好"班长"作用,综合素质不断提高，工作能力不断增强，在各项工作中切实履行工作职责。

建设一个好班子。班子健全，分工明确，团结有力，政治素质好，工作作风不断改进，民主意识和大局意识不断增强，管理能力不断提高，整体功能有效发挥，党群、干群关系进一步密切，在党员和群众中有较高威信。

带出一支好队伍。党员牢固树立"四个意识"，坚定"四个自信"，切实做到"两个维护"，党性意识和践行"四个诠释"的自觉性进一步增强，思想政治素质、业务技术素质进一步提高，先锋模范作用突出。

完善一套好制度。基层党支部各项制度健全完善，符合《中国共产党章程》和《中国共产党支部工作条例（试行）》要求，能够适应管理实际需要，在实际工作中能得到认真贯彻执行。

构建一个好机制。基层党支部工作和组织运行机制与企业生产经营紧密集合、相互促进。党员"长期受教育、永葆先进性"的长效机制有效运行，作用明显。党建工作责任制能有效落实，并在实践中不断创新。

创造一流工作业绩。基层党支部的战斗堡垒作用和党员的先锋模范作用充分体现，党的自身建设、党的领导、党的监督保障等各项工作不断加强，党建引领作用充分发挥，生产经营业绩突出。

第四节　考核结果应用

党支部考核评价结果，要作为党支部评先选优和党支部书记选拔任用的重要依据。

申报、推荐各个层级的集体和个人荣誉应优先在"示范党支部""优秀党支部"中推荐。

第五节　达标晋级考评定级实例

一、制定标准

党委根据上级党组织重点工作部署，结合自身发展形势、任务，细化确定年度基层党支部分类定级标准。标准要重点突出党支部工作实效，突出党员群众满意度，突出促进单位健康发展的能力水平。

二、考评定级

党支部考评定级在企事业单位党委领导下进行，组织部门牵头组织实施，按照支部自评、组织考评、审核定级程序，坚持标准，严格把关，确保考评定用发挥好。"优秀党支部"比例原则上不超过党支部总数的30%。

1. 考评定级标准

（1）"示范党支部"标准。党支部工作有特色有亮点，形成可推广经验，有较高知名度和影响力，助推生产经营效果显著，示范作用突出。

（2）"优秀党支部"标准。党支部班子威信高、工作机制科学规范、党建活动特色鲜明，支部工作与生产经营紧密融合，党员创先争优意识强、先锋模范作用发挥好。"优秀党支部"比例原则上不超过党支部总数的30%。

（3）"达标党支部"标准。党支部组织健全、班子团结、制度完善，基础工作扎实，围绕生产经营开展工作，党员能够发挥先锋模范作用。

（4）"未达标党支部"标准。党支部班子不团结，"三会一课"等制度不完善、落实不到位，党员作用发挥不明显，基础工作薄弱，支部凝聚力、战斗力弱。

有下列情形之一的实行"一票否决"，直接评定为"未达标党支部"。

（1）未完成年度主要生产经营指标或工作任务（发生不可抗力情况除外）；

（2）在年度党支部书记基层党建述职评议考核中被评定为"差"；

（3）党支部书记、委员民主测评信任率或党支部工作满意率低于75%；

（4）党支部或党员发生违法、违纪及违规行为；

（5）发生党风廉政建设责任书、健康安全环境管理责任书、维护稳定工作责任书否决指标所列情况；

（6）意识形态领域工作责任制落实不力，造成重大不良影响或严重后果；

（7）党员领导干部不按规定参加"双重"组织生活；

（8）未按规定进行党支部换届选举；

（9）未按程序和要求发展党员；

（10）其他应当"一票否决"的情形。

2. 考评方法

（1）支部自评。党支部对照考评标准先行自查，经支委会会议讨论后形成自评意见，报上一级党组织审定。

（2）组织考评。党委成立专项检查考评小组，制定工作方案，采取实地查看、个别访谈、问卷调查、党员群众评议、查阅资料等形式，重点检查党支部工作实效、党员群众满意度、员工精神面貌和存在问题，对党支部工作作出客观准确的评价。

（3）审核定级。党委统筹确定"示范党支部"的比例，负责审定"示范党支部"，并在一定范围内进行公示。"未达标党支部""达标党支部""优秀党支部"可由党委结合日常管理和检查考评情况进行审核定级。

三、复检提高

党支部针对自身存在的突出问题和薄弱环节，制定整改措施，按照轻重缓急确定立即整改、逐步整改、长期坚持事项，整改完成并保持现有级别一年以上，可申报上一级别。党委定期组织开展抽查复检工作，原则上一年内对"达标党支部""优秀党支部"实现复检全覆盖，对提出晋级申请的党支部按照考核标准进行验收考评。对工作达标、作用突出的党支部要给予升级，扩大示范性和影响力；对复检不合格的，限期整改，整改不到位的给予降级处理；对"未达标党支部"及工作质量滑坡、给予降级的党支部，由上级党组织对党支部书记进行诫勉谈话，问题严重的给予调整或免职。

党委每年对"示范党支部"组织一次复检，并审定新申报的"示范党支部"。党支部保持现有级别一年以上方可申报上一级别，不能跨级申报。

党支部达标晋级参考评分细则

项目及分值	评分要点	评分标准 （基础分为100分）
选配一个好书记（15分）	基层党支部书记队伍	1. 未按要求参加培训，扣2分；培训结果不合格，扣2分； 2. 每年脱产培训学时不够5天，扣0.5分/天； 3. 对"五清三会"等应知应会的党务知识不熟悉，扣2分

第十五章 对党支部的考核工作

续表

项目及分值	评分要点	评分标准（基础分为100分）
建设一个好班子（15分）	班子思想建设和组织建设	1.党支部班子不健全，扣1分； 2.班子成员责任分工不明确，扣1分
	民主集中制建设	1.无党支部议事规则，扣1分； 2.重大问题未经集体研究或决策失误，造成不良影响，扣2分； 3.支部班子整体功能发挥不好，协调配合差，扣2分； 4.班子成员民主测评优秀称职率低于85%，扣1分/人
	班子作风建设	班子成员没有做到"五必谈""五必访""五到现场"，扣1分/人/次
	班子能力建设	1.班子无学习计划，扣2分；计划落实不到位，扣1分/人/次； 2.班子成员参加上级培训后，未在本单位进行学习心得分享，扣1分/人/次； 3.无35岁以下班子成员，扣1分； 4.班子能力建设措施不力、效果不明显，扣1分
带出一支好队伍（20分）	党员的教育管理	1.未制订党员年度学习计划，扣2分；计划落实不到位，扣2分； 2.全年集中培训学习时间少于32学时，扣0.5分/人； 3.没有签到、学习记录，扣0.5分/项； 4.未按要求向上级党组织缴纳党费，扣2分；党员不主动不及时不足额缴纳党费，扣0.5分/人/次； 5.党员党组织关系转接不及时，扣0.5分/人/次
	"创岗建区"等主题实践活动	1.未开展"创岗建区"活动，扣2分； 2.党员责任区、先锋岗划分不明确、责任不落实、检查不到位，扣2分； 3.责任区内员工出现"三违"行为，扣1分/人
	发展党员工作	1.发展党员没有计划，扣2分；未按计划完成，扣1分/人； 2.发展党员材料不齐、填写不规范，扣1分

续表

项目及分值	评分要点	评分标准（基础分为100分）
带出一支好队伍（20分）	员工队伍建设	1. 未开展员工思想政治教育，扣5分； 2. "形势、目标、任务、责任"主题教育活动无计划，扣2分；开展不力，扣1分； 3. 未建立党支部活动阵地，扣3分；活动阵地设施不健全，扣1分；活动阵地作用发挥不好，扣2分； 4. 支持和配合行政开展员工技能培训工作不力，扣2分； 5. 未开展党务工作培训，扣2分；未对后备党务干部开展相关培养培训工作，扣2分
完善一套好制度（15分）	"三会一课"制度	1. "三会一课"落实不到位，扣0.5分／项； 2. "三会一课"流于形式、质量不高，扣2分
	党的组织生活制度	1. 不按规定召开民主生活会或组织生活会，扣2分／次； 2. 不按要求上报相关会议资料，扣0.5分／项； 3. 未按要求开展民主评议党员，扣3分
	党员联系群众制度	1. 未形成党员联系群众网络，扣1分； 2. 未对员工队伍思想动态进行分析，扣1分； 3. 党员不做群众思想工作，扣0.5分／人
	党组织开展活动制度	1. 支部未开展主题党日活动，扣3分；主题党日活动无计划，扣1分；记录不完整，扣0.5分／项；无总结，扣1分；活动效果不明显，扣2分； 2. 未按上级要求组织开展主题教育实践活动，扣2分；活动与单位中心工作融合不够紧密，扣1分
	思想政治工作制度	1. 未形成党支部统一领导、党政共同负责、党政工团齐抓共管的思想政治工作领导机制，扣2分； 2. 思想政治工作不落实，出现群体上访，扣3分／次；出现党员上访（含信访），扣1分／人／次； 3. 党支部没有适时开展访谈活动，扣1分
	廉洁制度	1. 没有及时传达相关文件精神，扣1分／项； 2. 没有开展党章党规党纪学习和党风廉政教育，扣1分
	党支部基础工作	1.《党支部工作手册》记录不规范、不清楚，扣1分／项； 2. 支部工作台账不健全、不规范，扣2分／项； 3. 中组部党员信息管理系统操作不规范，带来严重后果，扣3分； 4. 党建信息化平台推广应用不力，扣3分； 5. 未按规定进行党务公开，扣1分／项

第十五章　对党支部的考核工作

续表

项目及分值	评分要点	评分标准 （基础分为100分）
构建一个好机制（15分）	保障中心工作机制	1. 保障中心工作机制不够健全完善，扣2分； 2. 不规范使用党组织工作经费，扣2分； 3. 未及时将党建工作写入公司章程，扣3分； 4. 专兼职党务工作者待遇落实不到位，扣3分
	共产党员作用发挥机制	1. 未按要求设立党员联系点，扣2分； 2. 未按要求开展结对帮扶困难职工群众，扣2分； 3. 未按要求做好流动党员服务和管理，扣1分； 4. 党员先锋模范作用发挥不好，经查实，扣1分/人
	激励约束机制	1. 党内创先争优活动考核评比走过场，扣2分； 2. 未根据本单位实际选树先进典型进行正面激励，扣1分； 3. 支部有不合格党员、失联党员，未能及时妥善处理，扣1分/人
创造一流工作业绩（20分）	支部战斗堡垒作用	1. 党支部无年度工作计划，扣2分；落实不到位，扣2分；无年度工作总结，扣2分； 2. 党支部工作与中心工作融入不够，服务、保证、监督作用发挥不够，扣1~3分
	队伍建设成效	1. "五型"班组未达标，扣5分； 2. 未按要求开展岗位大练兵、技能大比武等活动，扣2分； 3. 工会、共青团组织不健全，活动开展不正常、效果不明显、作用发挥不突出，扣2分
参考加分项		支部或者党员个人 1. 获国家级团体或单项奖，加5分/项；获省部级团体或单项奖，加3分/项； 2. 获分公司级团体或单项奖，加2分/项； 3. 获二级单位团体或单项奖，加1分/项； 4. 奖项按最高级别计算，不重复加分，10分为最高分

续表

项目及分值	评分要点	评分标准（基础分为100分）
"一票否决"项		1. 未完成年度主要生产经营指标或工作任务（发生不可抗力情况除外）； 2. 在年度党支部书记基层党建述职评议考核中被评定为"差"； 3. 党支部书记民主测评信任率或党支部工作群众满意率低于75%； 4. 党支部或党员发生违法、违纪及违规行为； 5. 发生党风廉政建设责任书、健康安全环境管理责任书、维护稳定工作责任书否决指标所列情况； 6. 意识形态领域工作责任制落实不力，造成重大不良影响或严重后果； 7. 党员领导干部不按规定参加"双重"组织生活； 8. 未按规定进行党支部换届选举； 9. 未按程序和要求发展党员； 10. 其他应当"一票否决"的情形